文化

十力
文化

十力
文化

圖解

把食物變超好吃和讓你生病、中毒的細菌、黴菌和病毒

編著
左卷健男

致各位讀者

這是一本專爲有以下需求的讀者所寫的書！

- 對我們身邊看不見的微生物世界感興趣的人。
- 不只是圖鑑的解說，而是想知道我們和這些微生物之間實用且有趣的知識！

細菌和眞菌（黴菌和菇類）、病毒等都是非常微小的微米生命。有些肉眼能看到，但是大多數都只能透過顯微鏡或高倍率的電子顯微鏡才能看到。

或許有人一聽到微生物，就會聯想到「細菌、黴菌、病毒」，由於它們會引發食物中毒和傳染疾病，因此覺得「好可怕！」、「好噁心！」。食物中毒或者傳染病，的確是人類與微生物不幸關係所造成的，但這並不能代表人類和微生物的所有關係。

在大自然中的微生物，會分解有機物，以保持地球的美麗環境。因此，沒有微生物，自然生態就會失去平衡。

活躍的微生物會製作出好吃的食物或飲料，或形成抗生素，消滅引發疾病的細菌。

至今，人類還沒有探究出微生物世界的整體面貌。我們經常能看到這種影片：爲了調查微生物，研究人員拿起棉棒沾黏、採取檢體，然後放到培養皿中的洋菜培養基，接著觀察出現的菌落，大喊「這裡有這種微生物！」不過這種觀察的方法，只是部分的採取方法。畢竟相關人士常說，連在土壤中採取的微生物，也不知道 100 個中能否存活 1 個。

現在，出現了萃取微生物 DNA 使其大幅增加的次世代定序（Next Generation Sequencing）的機器分析方法，譬如，現已知道我們身體各個角落的微生物種類和數量的差異甚大。一般認爲，比起組成我們身體的約 37 兆個細胞，我們體內微生物的數量要更多。

本書並非「廣泛」介紹微生物，而是「只集中介紹」這些內容。如果本書能成爲讀者和微生物相識的契機，將是我的榮幸。

最後，我想在此對田中裕也先生表達感謝之意，他是明日香出版社的編輯，以微生物外行人的角度致力於本書編輯作業。

2019 年 1 月

執筆者代表　左卷健男

圖解　把食物變超好吃和讓你生病、中毒的細菌、黴菌和病毒　目次

第1章「微生物」是什麼生物？

第 2 章　和人類一起生活的「常駐菌」

第 3 章　會製造「好吃食品」的微生物

第 4 章　作為「分解者」的微生物

第 5 章　引起「食物中毒」的微生物

第 6 章　引發「疾病」的微生物

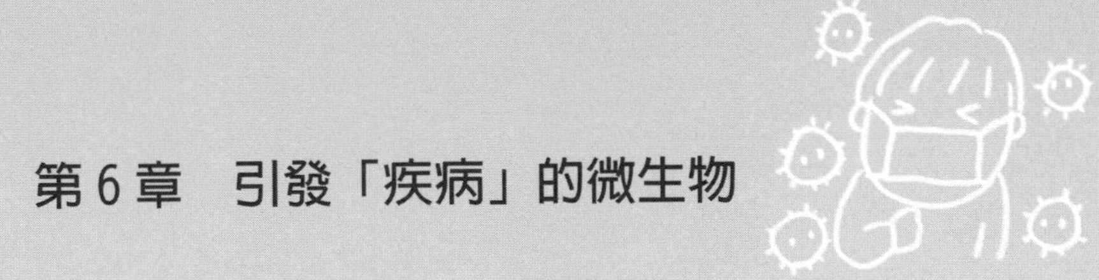

本書登場的主要微生物（並非全部）

來找找看他們藏在哪吧！

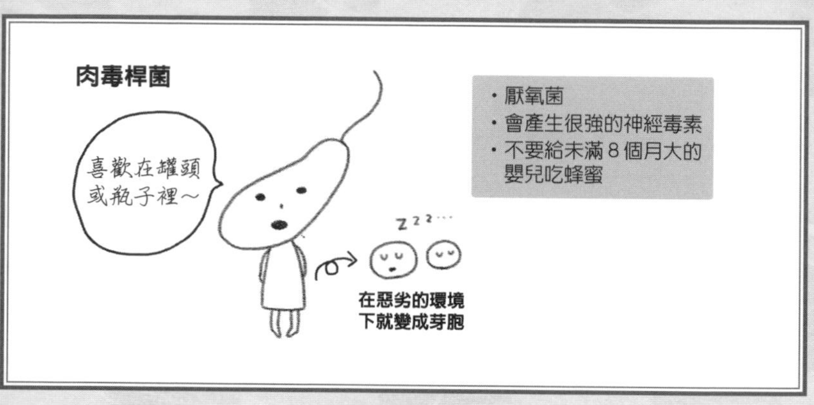

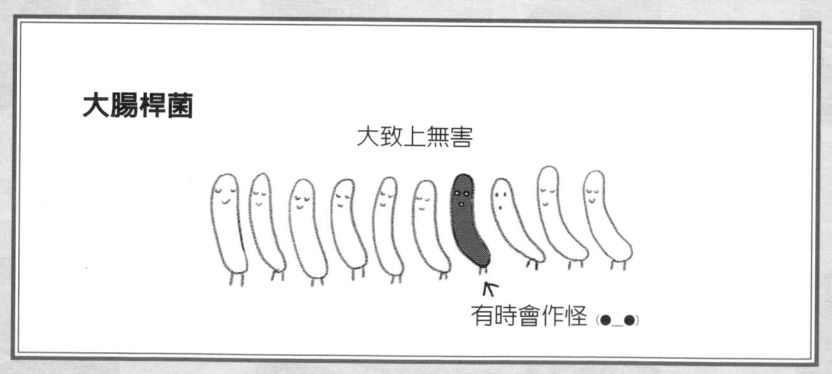

把糖當作原料
造成動脈硬化

金黃色葡萄球菌

- 耐熱
- 胃酸也無法分解
- 也有對抗生素有耐性的菌種

腸炎弧菌

- 不耐熱
- 不耐淡水
- 繁殖速度很快！

沙門氏菌

- 除了雞蛋以外，雞、牛、豬、狗和貓等的窩都會成為傳播媒介
- 不耐熱
- 耐旱

曲狀桿菌

- 不耐熱
- 5月～7月是流行季
- 繁殖速度慢

病原性大腸桿菌0157型

- 潛伏期長
- 就算少量也會造成感染
- 不耐熱

諾羅病毒

- 10～100個都會感染
- 不耐熱
- 酒精消毒也沒有效

輪狀病毒

- 10～100個都會感染
- 有疫苗
- 酒精消毒有效

A型、E型肝炎病毒

專門出現在魚貝類

專門出現在野生禽類

- 不耐熱
- 要注意飲用水衛生！

隱孢子蟲病

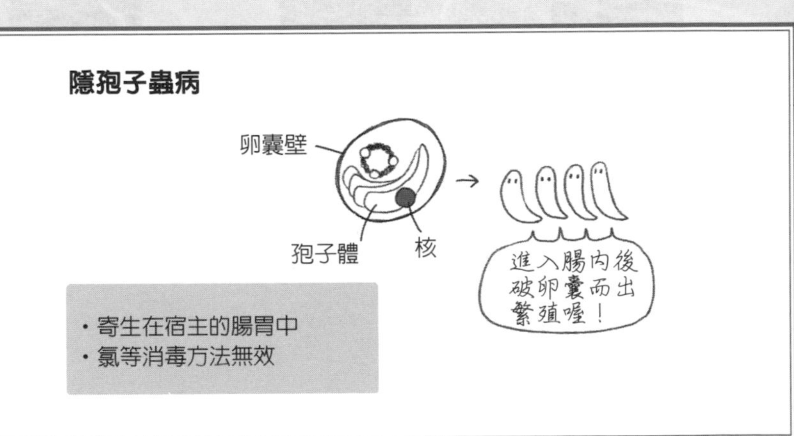

- 寄生在宿主的腸胃中
- 氯等消毒方法無效

流行性感冒病毒

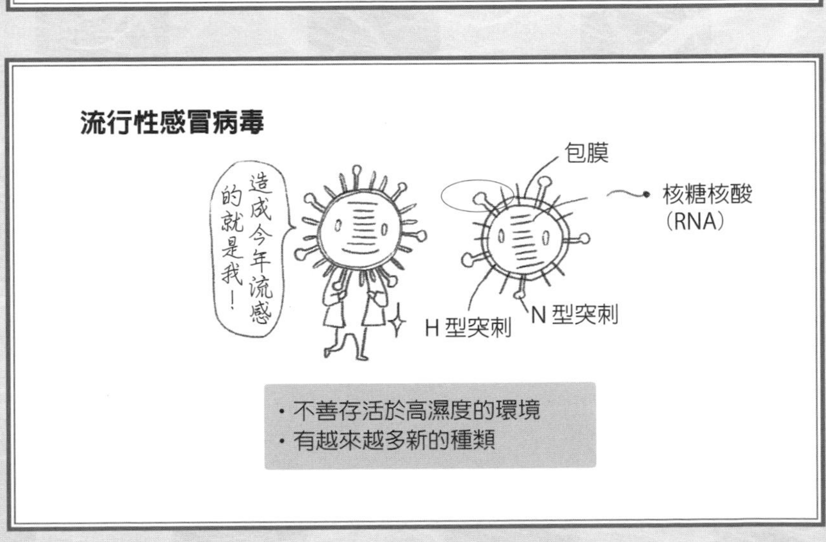

- 不善存活於高濕度的環境
- 有越來越多新的種類

結核菌

・至今出現許多感染者、
　也有許多死亡病例
・繁殖速度慢

肺炎鏈球菌

・形狀就像兩顆球黏在一起
・小孩也會感染，症狀容易
　惡化

德國麻疹病毒

・大多情況下，就算感染，症狀也很輕微
・孕婦感染的話，有時會生出畸形兒

鼠疫桿菌

・帶菌的跳蚤是傳染媒介
・不盡早治療就會死亡

瘧原蟲

・帶菌的病媒蚊是傳染的媒介
・也會出現在有抵抗力的人身上

退伍軍人桿菌

・雖然隨處可見，不過數量很少
・會寄生在阿米巴原蟲上繁殖
・要注意溫泉或游泳池等設施

水痘帶狀皰疹病毒

・大多情況下，即使感染也是輕微症狀
・有時會潛伏在痊癒後的神經細胞內，有再度活性化

B型肝炎病毒

・感染的話會成為肝癌等疾病的病因
・由於垂直感染的預防，新的帶原者人數正在減少

人類免疫缺乏病毒

- 被稱為世界三大傳染病
- 由於醫療技術的進步，使得死亡率正在降低

幽門螺旋桿菌

- 在胃液中也能生存
- 全球一半以上人口的胃裡都有

包蟲

- 這幾年也在日本北海道以外的地區有發現
- 會因觸摸被寄生的狐狸或糞便、食用受到汙染的山菜而感染

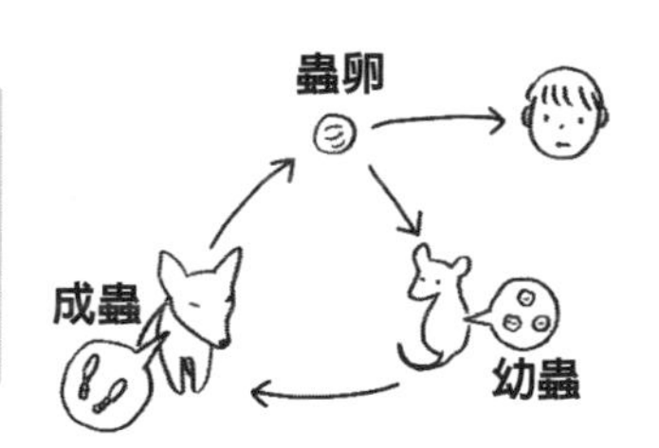

狂犬病毒

- 主要出現在哺乳動物的唾液中
- 致死率幾乎100%

第 1 章
「微生物」是什麼生物？

01 我們身邊有哪些微生物？

肉眼無法看見的微小生物，就叫做微生物。
微生物主要有細菌、真菌和病毒，而每種微生物到底有什麼樣的特徵，又有什麼作用呢？

◎ 病毒非常小

所謂的微生物，就是指「肉眼看不見的微小生物」。微生物包含細菌、眞菌（黴菌、酵母、菇類）、病毒等。

一般的顯微鏡（光學顯微鏡）1000 倍的放大倍率就是極限，即使繼續放大，影像也會變模糊。就算我們用這種顯微鏡，透過 1000 倍的倍率觀察細菌，也只能看到數公釐的大小，畢竟細菌的大小約爲 1 ～ 5 微米（μm）*1。

導致感冒或其他疾病原因的病毒，比細菌還要更小，如果不用電子顯微鏡就無法觀察。病毒是細菌的十分之一到百分之一大，約爲 20 ～ 1000 奈米（nm）。

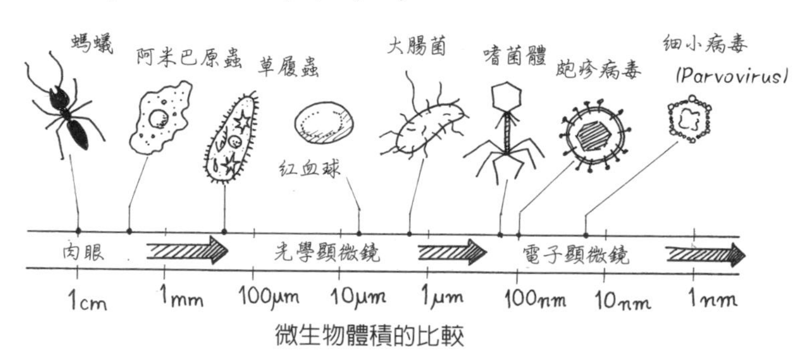

微生物體積的比較

*1 「微米（μm）」是千分之一公釐（mm）；「1 奈米（nm）」是百萬分之一公釐。以葡萄球菌或鏈球菌來說，他們的直徑都是 11 微米。

◎中學的理科都學些什麼？

在日本中學的「自然」科目課程中的「生物、生態系」，有提到微生物。教科書的內容如下：

> 「微生物主要是以攝取、分解生物屍體等有機物質（是指由生物身體的碳水化合物、蛋白質、脂肪等所組成的物質）來作爲其養分的生物。
>
> 在生態系中，藉由光合作用產生養分的植物是生產者，草食性動物、肉食性動物是消費者，而蚯蚓等土壤動物或眞菌、細菌等則擔任分解者的角色。
>
> 眞菌指黴菌或菇類的同類，其大多數的身體由稱作菌絲的線狀體組成，會透過孢子繁殖。
>
> 乳酸菌或大腸菌的同類都是細菌，它們是非常微小的單細胞生物，會透過自身的分裂繁殖。
> 在細菌中，也有像結核菌之類引起傳染病（因病原菌等病原體的感染所引起的疾病）的菌種。
>
> 在眞菌或細菌等微生物之中，也有許多對人類有用的功能。譬如，應用眞菌或細菌分解有機物的作用來製作麵包或優格等食品。」

◎ 細菌和真菌的不同

細菌的形狀很簡單。球形的細菌（球菌）或棍棒形狀的細菌（桿菌）占了大部分，其他還有扭曲狀的細菌（螺旋菌）。

細菌會從中間一分爲二，而成爲兩個相同的東西，細菌藉由這種「分裂」的作用繁殖。細胞比眞菌還要更小，而且細胞中心缺少明確的細胞核。

以黴菌爲例，眞菌會透過下述的方法繁殖。

① 胞子會在適合繁殖的地方發芽。

② 前端伸長，長出菌絲。

③ 菌絲會分支成網狀。

④ 分支出的菌絲（菌體）前端會產生孢子。

⑤ 孢子四處飛散。

黴菌累積孢子的器官叫做子實體，菌體和子實體合而爲一，成爲叫做黴菌的菌落。黴菌的細胞內含有細胞核和粒線體，比起細菌的細胞還要複雜，基本上和動植物的細胞一樣。

另外，黴菌和菇類的不同之處在於，**肉體能看見孢子形成子實體的就是菇類，而肉體無法看見的大小就是黴菌**。

◎ 非常微小且單純的病毒構造

病毒是無法單獨生存的。這是因爲病毒缺少自體形成蛋白質的工廠，但是會透過感染還活著的細胞，利用宿主細胞製造蛋白質的工廠來存活。病毒的構造很單純，只有核酸（DNA或RNA）和包裹它們的蛋白質而已。

由於病毒沒有細胞般的構造，因此無法被稱之爲生物，不過病毒卻擁有基因，能夠延續後代、留下子孫，這點像極了生物，因此病毒是種不可思議的存在。

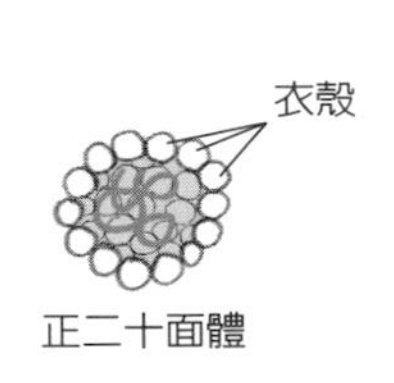

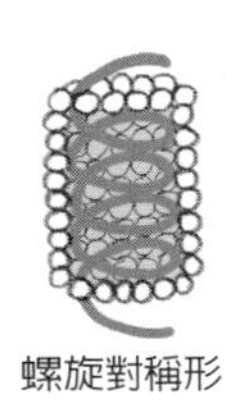

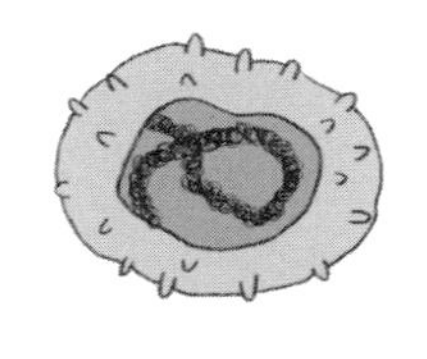

病毒的構造

02 黴菌、酵母和菇類的不同之處？

在黴菌、酵母、菇類中，黴菌數量占壓倒性得多，它們在微生物中算是大型的一類。黴菌的孢子一旦發芽，幾天後就會快速放射狀生長。

◎ 細菌和黴菌、酵母、菇類的不同

說到黴菌、酵母、菇類的大小，細菌之中的球菌約1微米，酵母約5微米（長5～8微米，寬4～6微米）。黴菌、酵母、菇類的細胞內有被核膜（形成細胞核表面的膜）包覆的細胞核，有粒線體和內質網[*1]；不過細菌的細胞缺乏明確的細胞核，染色體一般只有一個，沒有粒線體和內質網。

觀看細胞的構造，黴菌、酵母、菇類的細胞比細菌更接近人類的細胞。

由於黴菌、菇類和活潑好動的動物明顯不同，曾有很長一段時間把他們歸類爲植物。不過，黴菌和菇類作爲菌類，主要是藉由讓植物或動物的遺體腐敗（分解、吸收）以獲得生存所需的能量，這部分卻和會自行製造養分（有機物）的植物，以及把植物、動物（有機物）當作糧食獵捕的動物區隔開來。

*1　内質網是在細胞質中呈網狀展開的膜，和核的外膜相連。由於很微小，用光學顯微鏡也無法看見。

◎ 有性生殖和無性生殖

生物增加的方式（生殖方式），大致上分爲有性生殖和無性生殖二種方法。

有性生殖，指動物或植物透過進行受精的方法生殖。

另一方面，由母體的一部分獨立而成爲新的個體，就叫做無性生殖，例如透過枝插、芽插、球根、接枝等方式（也叫做營養生殖）增加同伴。這個方法能夠產生和母體同樣的複製體*2。

有性生殖和無性生殖哪一種對繁衍後代比較有利？這點我們無法一概而論。譬如在短時間內需要增加同伴的話，無性生殖就壓倒性的有利，因爲不需要尋找繁殖所需的對象，數量就會不斷增加。不過，由於是完全同樣基因的集團，萬一發生任何狀況，也會因此容易一口氣減少許多個體數。

有性生殖的話，子孫會有多樣性，能夠適應各種環境。考慮到物種的多樣性，當然是有性生殖較爲有利。

即使如此，大自然中以無性生殖爲主的物種也沒有滅絕，今後這兩種繁殖方法也會並存下去吧。

其中，細菌透過分裂增加數量的方式就是無性生殖。

黴菌、酵母、菇類的增加方式基本上就是無性生殖。黴菌、酵母、菇類有性別上的區分，根據生長環境的不同，也會進行有性生殖。一般而言，在適合生育的環境下，會進行無性生殖，不適合生育的情況，會進行有性生殖。

我們時常看見的胞子，大多是無性胞子。有性胞子會透過雄株和雌株的交配出生。

*2 複製是指藉由營養生殖誕生的生物後代，會和母體有同樣的DNA序列。

◎ 黴菌、菇類會藉由胞子增加

黴菌、菇類一般是藉由胞子繁殖。胞子如果發芽，叫做菌絲的細線狀體就會伸長。

黴菌和菇類外表看起來像是不同的種類，但他們的不同之處只有作爲產生胞子的場所是否產生擁有肉眼可見的子實體（菇類）而已。他們都是用名爲菌絲的細線形成身體的同伴。菇類除了形成子實體以外，身體是和黴菌一樣的網狀菌絲。

另外，菇類體內也有非常微小的物質，有時也會使人猶豫，到底小到什麼地步才可以稱作黴菌。兩者的界限很曖昧。

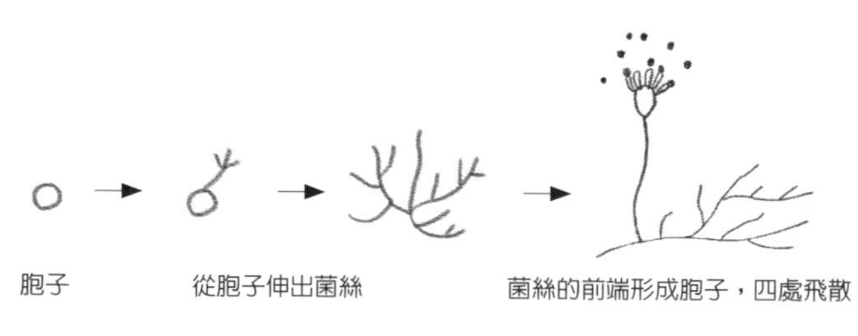

黴菌的一生

◎ 酵母透過出芽或分裂的方式增加

另一方面，酵母的細胞並沒有像線一樣的連結。酵母是透過出芽或分裂繁殖。酵母數量增加，分散的細胞就會聚在一起，成爲球狀、有黏性的團塊。不過酵母中，有像念珠菌一樣，生長條件改變的話就會像黴菌般長出絲狀的類型。

即使如此，許多酵母在發酵之類的實用場合擔當重責大任，因此和黴菌有區別 [*3]。

*3 譬如啤酒、日本酒、紅酒、味噌、醬油、麵包等發酵食品，都是在酵母的作用下製造的產品。（如見本書第 3 章）

03 病毒是「生物」還是「無生物」？

病毒是種微小的存在，感染力卻很強，總是在世界上的某個角落發威。雖然沒有細胞的構造，卻有基因，能留下後代，非常不可思議。

◎ 病毒沒有細胞的構造

病毒是我們身邊許多疾病的原因，例如流行性感冒或感冒等。雖然細菌也會導致疾病，不過細菌是生物。細菌之類的能夠明確稱爲生物的物體，因爲擁有細胞的構造，不過病毒身上卻沒有細胞的構造。

病毒是由蛋白質的外殼和內部的基因物質，即核酸（DNA 或 RNA）形成。由於缺乏細胞的構造，因此無法單獨繁殖，這點讓他們定位爲非生物。

不過病毒擁有遺傳物質，只要感染細胞，利用細胞的代謝系統就能夠增加同伴，因此也有研究人員將病毒視爲微生物。本書，則將病毒列爲微生物。

◎ 病毒體積小到用光學顯微鏡也無法看見

病毒約只有 20 ～ 1000 奈米（1 奈米是 0.001 微米）。相較之下，細菌大小約 1 ～ 5 微米（1 微米是 0.001 公釐），因此知道比細菌還要小。幾乎所有的病毒都在 300 奈米以下，體積非常小，如果不用高倍率的電子顯微鏡就無法看見[*1]。

*1 日本 2004 年 11 月改版的千元鈔票上的人物爲野口英世，他在 1918 年公開自己發現了黃熱病的病原菌（細菌）。不過之後得知這個發現，其實是擁有類似症狀的細螺旋體病（Leptospirosis）。黃熱病的病因是病毒，不過野口太過執著於細菌說，因此才誤判了病原體。

◎病毒的形狀很美

病毒基本上是以位於粒子中心病毒核酸，以及包覆核酸，名爲衣殼（capsid）的蛋白質所組成。有些病毒身上，也有名爲包膜（envelope）的膜。

大多數病毒，都是依衣殼或包膜而形成特定的形狀。其中最多的多面體衣殼之一，是正 20 面體。順道一提，將這些角加工倒（切）角後，就是足球了（切頂 20 面體）。

另外，叫做 T4 噬菌體的病毒，擁有最驚人的形狀。在 20 面體的身體上，總共有 6 隻腳。這種病毒會用腳的部分在細胞上著地後，縮起腳，並將管子插入細胞內，以注入頭部的核酸。

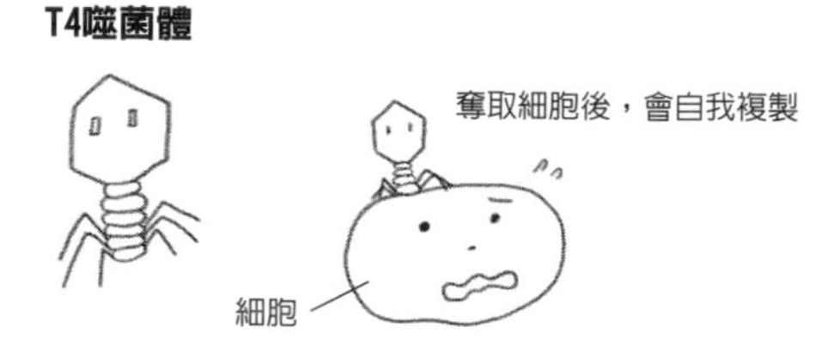

◎ 病毒的感染

即使我們的身邊有病毒徘徊，並不代表一定會被感染。當病毒附著在細胞上、侵入後才會開始引發感染。沒有細胞的病毒，由於無法單體複製，爲了繁殖，必須入侵其他生物的細胞，這就是病毒的感染。

因爲要入侵，所以需要入口。人體表面的皮膚、呼吸器官、感覺器官、生殖器官、肛門或尿道都會成爲入口。每種病毒都有覺得住起來最舒適的部位，因此只要到達那個地方，就會不斷增加數量。當然，被病毒入侵利用過的細胞就會死亡[*2]。

*2 不過，感染病毒的細胞不會馬上死亡。譬如，如果病毒會使感染的細胞癌化，宿主的細胞就不會死亡。

萬一有許多細胞死亡,就會對組織產生重大傷害,也會導致疾病發生。接著,子病毒大量產生後,就會飛到細胞外,尋找新的細胞,重複感染的過程。

◎ 附著在細胞上的病毒、噬菌體

病毒之中也有會感染細菌的病毒,統稱叫做**噬菌體**(phage),其名稱的由來是希臘語中「吃細菌的物體」的意思。

由於噬菌體會嚴格挑選宿主(參考第38頁),能夠只殺掉目標病原菌。不會像抗生素產生多重抗藥性,因此由噬菌體破壞病原菌的抗菌藥品的開發,或使抗生素無法消滅的炭疽病(anthrax)之類的細菌武器毒性消失的研究也正在進行。

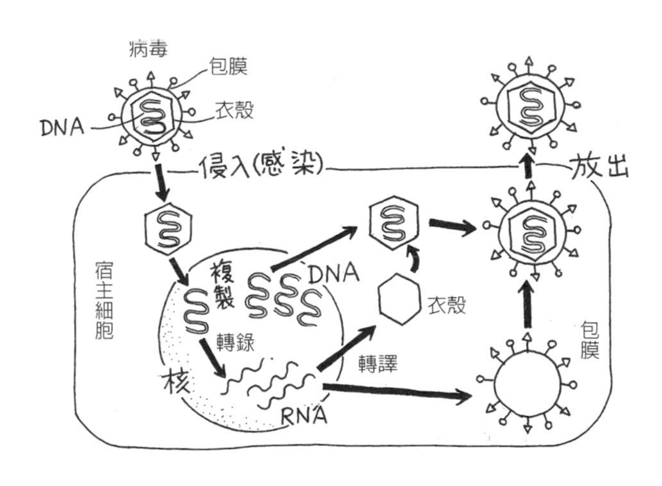

病毒的繁殖方式

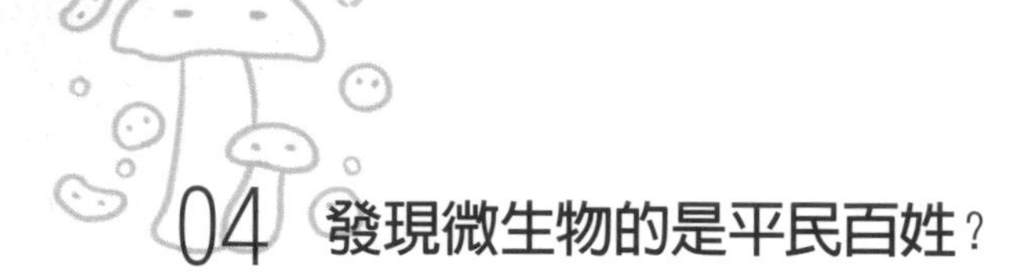

04 發現微生物的是平民百姓？

為了觀察微生物，就必須查探那個世界，不過發現微生物的人並非科學家。到底是什麼職業的人注意到微生物的世界呢？

◎ 職業是布料商人的平民百姓

20 歲的雷文霍克（Leeuwenhoek）經營布料事業，他會透過放大鏡管理纖維的品質，因此用玻璃球製作出顯微鏡。他並非像現代一樣組合複數個鏡片，而是只用一個鏡片觀察各個世界。當然，在他之前或許也有許多人做過同樣的觀察，不過他的顯微鏡鏡片的精準度和倍率非常優秀，倍率甚至到達 250 倍。

◎ 觀察水中

他精力充沛地觀察周遭環境，而在觀察湖水時，發現裡頭有東西在動。或許是某種浮游生物吧？在 17 世紀當時，這可是重大發現。

當時的化學領域，有著或許能從各種藥物中提煉出金子、銀子的氛圍，即鍊金術盛行的時代。

雷文霍克觀察血液後發現血球，也發現精子。接著他也發現唾液中含有的口腔菌。他像這樣記錄許多觀察結果，因此世人也稱他為微生物學之父。

雷文霍克

用顯微鏡發現血球、精子、口腔菌等

◎ 在這之後有了飛躍性的發展

雖然知道了微生物就存在於我們身邊，不過將微生物視為學問而受到世人矚目時，已經來到19世紀後半了。

其中，功勞最大的第一個人，就是法國的路易・巴斯德(Louis Pasteur)。他否定當時一般大眾相信的，即使生物沒有父母，也會從無生物中自然產生的「自然發生說」。

巴斯德最有名的就是「鵝頸燒瓶」[*1]實驗。他在燒瓶中放入含有有機物的水溶液，然後前端拉長彎曲就像白鵝脖子一樣。這時並沒有產生微生物，不過折斷鵝頸之後，馬上就產生微生物，使物質腐敗。

巴斯德

鵝頸燒瓶

另一個人是德國的羅伯・柯霍（Robert Koch)。柯霍發現了炭疽桿菌、結核桿菌和霍亂弧菌。他發明了培養基[*2]（讓微生物增加的東西)，確立人工養育、繁殖（培養）細菌的基礎。

柯霍

發現炭疽桿菌、結核桿菌和霍亂弧菌

他們的活躍雖然奠定了基礎，不過透過顯微鏡觀察而發現微生物存在的，的確是雷文霍克。

*1 鵝頸瓶是一種由特殊形狀的管道引向燒瓶的實驗設備。「鵝頸」會降低空氣在管中流動的速度，空氣中的粒子，比如細菌，會困在其潮濕的內表面上。將瓶中液體煮沸，殺死瓶中微生物後，只要不接觸管道中的污染液體，容器中的滅菌液體就會保持無菌。

*2 培養基(Medium)是供微生物、植物和動物組織生長、存活用的人工配製養料，一般都含有碳水化合物、含氮物質、微量元素，以及維生素和水等。

05 什麼是生物的祖先「真核生物」、「原核生物」？

微生物是身體只有一個細胞的單細胞生物，有運動、消化食物、增加同伴等各種功能，這些作用都在一個細胞內進行。

◎ 二界系統和五界系統

過去將生物分爲「動物」和「植物」兩類。動物是會動、找食物的生物，而動物以外就是植物的這種分法。由於分爲動物界、植物界兩塊，也稱爲二界系統(Two-kingdom System)。這是到20世紀中期爲止的想法。

在那之後，主流説法變成了五界系統(Five-kingdom System)，分爲①會獵捕的動物界，②進行光合作用的植物界，③吸收養分而生存的黴菌、菇類等菌界，④單細胞生物，有核膜包覆的殼，如綠蟲藻、阿米巴原蟲、藻類等原生生物界，⑤沒有核膜的細菌或藍綠藻等原核生物界。

以前中學理科教科書，將昆布、海藻等藻類分類爲植物，現在的内容則註明「藻類不是植物」[*1]。

◎ 原核生物是地球上生物的祖先

地球上有生物出現後約30億年間，生物一直都是單細胞生物。生命誕生初期的細胞構造，和我們的細胞並不同。

*1 近幾年，學者也重新檢討五界系統，打算將生物界分爲三域，不過大致上和五界系統有重疊的部分。

沒有存放遺傳物質DNA的細胞核，DNA在細胞內應該呈現赤裸細胞（原核細胞）的狀態，而擁有這種**原核細胞**的生物，就叫做原核生物。

另一方面，我們人類的細胞，由於有叫做核膜的膜覆蓋住細胞核，因此叫做**真核細胞**。

原核細胞的生物保留以前單純的構造，現在也還存活在世上。譬如，本書偶爾會提到的乳酸菌就是原核生物，其他還有引起肺炎的肺炎球菌、肺炎桿菌，藍綠藻也同樣是原核生物。還有嗜熱菌、超嗜熱菌等生存在嚴苛環境的生物，其中也有能夠在接近200度高溫生存的細菌。

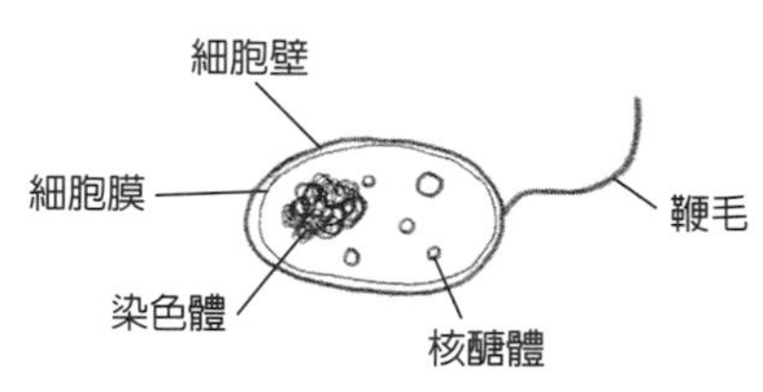

原核生物的構造

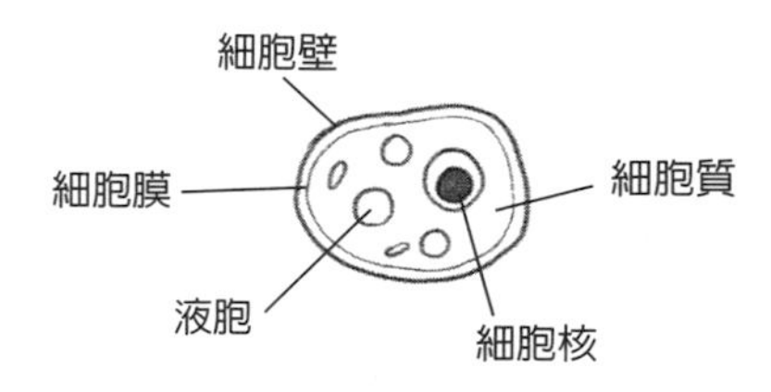

真核生物的構造

◎ 真核生物是如何誕生的？

一般認爲，距離現在約 21 億年前，原核生物的細胞內塡入了細胞膜，產生有核膜包覆的細胞核，因此誕生了眞核生物。

原始的好氧菌呑入含有原始藍綠藻的粒線體，吸收之後就成爲葉綠體。

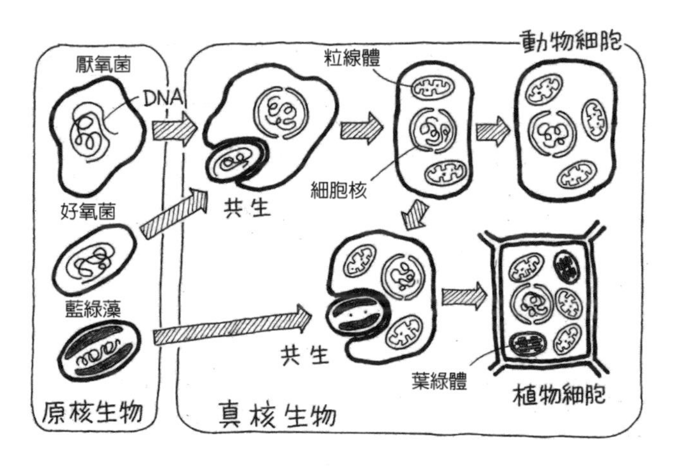

從原核生物到真核生物

就像這樣，如果回溯起來，我們的祖先就是約 21 億年前的眞核生物，以及更古老的原核生物。

06 人類和微生物正在共生嗎？

要說微生物存在於地球上的各種地方也不為過。在我們的身體以及住家，都有許多種類和數量的微生物和我們一起生活。

◎ 地球上各個地方都有細菌

細菌廣泛存在於各種地方，包含人類和動物的身體，以及我們身邊的土壤、水中、塵土、灰塵等等，還有上到8000公尺高的大氣層、下至水深超過1萬公尺（10公里）的海底、熱液礦床[*1]、南極冰床、深超過2000公尺海底地面下，這些動植物不適合生存的地方，都有它們的存在。

現在所知的細菌**約有7000種**，據說包含未發現的菌種在內，總共約有100萬種以上的細菌存在。

細菌分爲三大類，包含沒有氧氣就無法繁殖的**好氧菌**（進行有氧呼吸的細菌）、只要有氧氣就無法繁殖的**厭氧菌**，以及無論有無氧氣都能夠繁殖的**兼性厭氧菌**。

◎ 黴菌、酵母、菇類也廣泛分布在自然界

現在已知的黴菌、酵母、菇類約達**9萬1000種**，據說還存在著10～20倍多未知的物種。

*1 岩漿活動後殘留的一些含揮發性成分和金屬元素較高的熱水溶液，當外在環境使得溫度或壓力降低時，其中的礦物質硬化，並形成礦床。

這些微生物大部分廣泛分布在自然界中，如土壤中、水中、枯萎的植物、動物的屍骸等處。黴菌的胞子也隨著空氣飄散於地球上極地到赤道的各個地方。

◎ 飄浮在我們身邊的病毒

病毒會寄生（占據）在生物的細胞內生存。被病毒寄生，也就是被占領的細胞叫做宿主細胞。

只要是動物、植物、細菌、菌類和細胞組成的生物體，病毒都會有可能占據；當然也會占據我們人類的身體，引發流行性感冒、一般感冒、流行性腮腺炎、腺病毒感染、麻疹、手足口病、傳染性紅斑、德國麻疹、皰疹等常見的疾病。

現在已經確認的病毒，據說包含亞種在內有 5000 萬種以上，其中有數百種會帶給人類疾病。

◎ 微生物的數量

那麼，到底有多少微生物存在於世上呢？

譬如，即使只提細菌，每公克的水田土壤約有數十億個，每毫升河川的水大約有數百萬個，每毫升海水沿岸的水約有數十萬個微生物。要計算的話，一匙挖耳勺的泥土中有 1000 萬個，一滴海水中大約有 1 萬個活著的微生物。根據花王的調查，每 1 公克客廳的灰塵約含有 260 萬個細菌。

另外，根據美國科羅拉多大學研究人員的調查（2015 年發表於雜誌 ZME science），得知家庭的灰塵中約有 9000 種活著的細菌和菌類。

協助調查的超過1200個的家庭中，各自採集家裡沒有打掃的地方，送往大學研究室。家庭狀況（年齡、人數等成員、生活習慣、有無飼養寵物等）也和資料同時送達。結果知道了以下訊息：

> 平均下來，美國家庭中有9000種以上的細菌、真菌存在，他們大部分都無害。

> 其中發現的一些細菌，能夠顯示家庭中只有女性或男性居住。女性比男性多出好幾個種類的細菌，反之亦然。

> 有養貓狗的話，細菌種類和數量就會不同。研究人員已能夠各以92%和83%的精度判斷，住家是否有養狗或貓。

研究人員同時表示：「不需要擔心家庭中的微生物，它們一直就在我們的身邊，會待在皮膚上或家裡各個地方，這些微生物完全無害。」

07 生命是如何誕生的？

地球約在 46 億年前誕生，而生命約在 40 億年前出現。一般認為，這些生物透過氫和硫化氫獲得能量，一直以來，約 30 億年間地球上只有單細胞生物生存。

◎ 最早的生物從何處誕生？

19 世紀後半，路易・巴斯德（法國的生化學家、細菌學者）證明「無論何種生物，只會從親屬體內誕生，絕對不可能自然出現」。在那之前，包括科學家在內，深信至少某些物種的微生物，也有可能從土、水、湯等處「自然出現」。

畢竟只要一否定這種**自然發生說**，「那麼最早的生物又是如何誕生的？」就會成爲一個難解的問題。

1920 年代蘇聯（現俄羅斯）的生化學家亞歷山大・奧帕林（Alexander Oparin）提倡的想法是，在原始的地球上，海是溶解了有機物的「原始湯」，有機物會在這碗湯內不斷進行反應，逐漸進行複雜的進化，和其他有機物產生相互作用，「進化」成組織，最終成爲生命。這是生命起源的**化學進化論**。

不過，蛋白質或核酸（DNA 或 RNA）的「零件」即使形成，在那之後又是如何成爲生命體，目前依舊是個謎團，現在科學家也在繼續進行研究。

◎ 生命是在約 40 億年前誕生？

格陵蘭的依斯埃（Isua）地區，有著距今 38 億年前形成的岩石大規模地露出。在這裡，能夠找到許多顯示生物痕跡的化學證據。

另外，在澳洲西部也發現約 35 億年前擁有生物模樣的化石。雖然是只能用顯微鏡觀看到細小細菌的微化石，一般認爲這是現在最有可信度的最古老化石。

從這些事可得知，地球上第一次有生物出現，是在約 40 億年前。約 40 億年前登場的生物是單細胞生物，想必構造非常單純吧。

◎ 會進行光合作用的藍綠藻登場

之後，微生物在漫長的歲月下逐漸進化。

在這個過程中，約 27 億年前出現一種微生物，讓地球環境大幅改變——那就是會進行光合作用的藍綠藻。

藍綠藻和現在陸地上的植物一樣，這種生物會透過光線從二氧化碳和水製造出有機物（光養生物），而進行光合作用的結果，就會排放氧氣。

藍綠藻在好幾億年間持續排放出氧氣，最後終於改變地球上大氣的成分。就這樣，大氣的主要成分變成了氮和氧。

◎ 至今約 10 億年前，出現多細胞生物

至今約 10 億年前，由複數的細胞組成的多細胞生物登場了。地球上的單細胞生物，也就是作爲微生物在大海中總共度過約 30 億年的時間。

植物是至今約4億5千萬年前在陸地上出現。有很長一段時間，陸地上是「死亡世界」。就像水星、金星和月亮一樣，是被岩石和沙地覆蓋的荒蕪大地。

爲什麼這麼長一段的時間，生物都無法來到陸地上呢？

原因之一，就是陽光的強烈紫外線。紫外線會破壞生物身上的基因；基因一旦被破壞，生物就無法存活下去。

在水中進行光合作用的藍綠藻所產生的部分氧氣，在大氣上空改變臭氧層。在臭氧層的厚度變得能夠充分吸收從太陽放射出的大量紫外線以前，陸地對所有生物而言都是可怕的死亡世界。

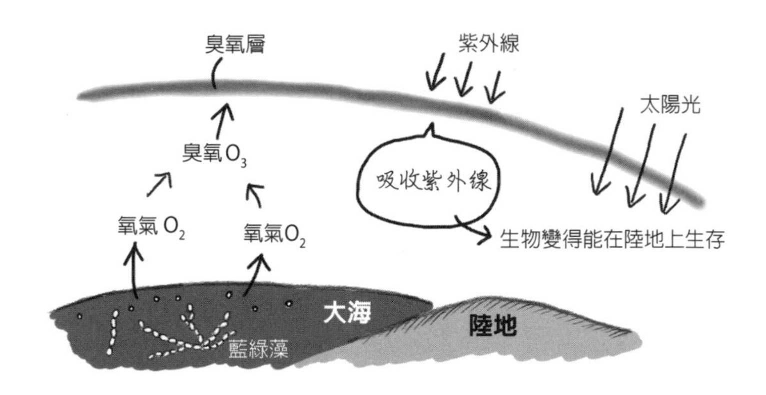

第 2 章
和人類一起生活的「常駐菌」

08 我們體內的「常駐菌」是什麼？

我們還在子宮內時，是無菌狀態。不過一出生的瞬間，我們就被細菌所包圍地度過一生。特別在皮膚或消化器官內，有各種細菌和黴菌定居。

◎ 人類和細菌的相遇

我們人類和細菌第一次相遇，是在出生的時候。新生兒通過母親的產道時，會接觸到那裡的細菌而感染 *1。我們在成長過程中會逐漸接觸到外界的細菌，於是每個人就這樣開始和許多種類、數量的常駐菌一起生活。

◎ 人體充滿了細菌和黴菌

存在於人體的細菌和黴菌叫做**常駐菌**。在人體不同的部位，細菌的種類和數量會有大幅度差異，不過在每種部位幾乎只會分布固定種類的細菌。

其中種類最多的，據說是存在於以大腸爲核心的消化器官內，有 60 ～ 100 種，**約 100 兆個**細菌。而口腔中有 **100 億個**、皮膚上則有大約 **1 兆個**細菌。

每個人的身上會有些什麼細菌、數量又有多少，彼此間都不盡相同。另外，同一個人也會隨著年齡增長或發育時期的不同，細菌的數量也會不同。

*1 母親身上的部分常駐菌，會附著在嬰兒的口、鼻和肛門上。嬰兒從產道露出臉後，旁邊就是母親的屁股，由於裡頭有母親的糞便，那個時候嬰兒就會從口中吸入腸道菌。在產房的空氣中，醫師、助產士、護理師和家屬等人放屁時，他們的腸道菌也會一起排出，嬰兒也會因此吸入。

常駐菌不只待在體內而已；皮膚是身體和外界的接觸點，可以說是身體的外側。我們可以將成人從口腔到肛門約9公尺長的消化器官想像成鐵管，而鐵的部分即位於身體內部，中空的鐵管內部就如同皮膚是身體外側。

消化器官的表面就是身體和外界的接觸點。從口腔進入的食物，會通過鐵管的內部，最後成爲糞便從肛門排出。

◎ 常駐菌都在做什麼？

常駐菌通常不會傷害宿主，是和宿主共生（指異種的生物一邊彌補對方不足的地方，同時一起生活的關係）的狀態。

常駐菌會以宿主攝取的食物或宿主排出的分泌物等物質當作養分成長。其中也有常駐菌會製造、提供宿主必要的維生素。

另外，從外界進入體內的細菌，特別是針對病原菌，也能達成防止這些感染的作用。

也有人說，常駐菌甚至有能夠增強宿主對於感染的抵抗力、免疫力等作用。

就像這樣，基本上常駐菌等同於我們的同伴。

不過，當癌症末期之類的情況，宿主的抵抗力下降時，常駐菌有時會引發感染。另外，如果細菌離開常駐地來到其他部位的話，有時也會引發感染。

09 未滿1歲的嬰兒為什麼不可以吃蜂蜜？

各位應該有聽過「不可以餵蜂蜜給剛出生的小嬰兒吃」吧？這就是我們體內的常駐菌活動旺盛過頭的案例。

◎ 市售蜂蜜上的警語

市售的蜂蜜上，都有警語提醒「請勿餵食未滿1歲的嬰兒」。原來是由1976年在美國發生的食物中毒而來，也就是嬰兒肉毒桿菌中毒事件。

正常出生且健康的嬰兒，因不明原因沒有精神、哭聲微弱、喝奶的慾望下降、持續便祕，甚至也出現肌力低弱的症狀，調查之後，從嬰兒的糞便中發現肉毒桿菌及肉毒桿菌的毒素。嬰兒肉毒桿菌中毒的原因就是蜂蜜。

1986年，千葉縣出生83天的男嬰身上也出現同樣症狀。這個嬰兒在出生後第58天，就有人餵他吃蜂蜜，而根據檢查的結果，在糞便中發現肉毒桿菌以及肉毒桿菌毒素。這是日本第一起確認的嬰兒肉毒桿菌中毒[*1]。

◎ 蜂蜜所含的芽胞

肉毒桿菌是一種土壤菌，以芽胞的狀態廣泛分布在自然界。蜜蜂在採蜜時，也會順勢採集肉毒桿菌的芽胞，因此它就會含在蜂蜜內。

*1　這件事發生後，在1987年10月，當時的厚生省就發出公告呼籲：不可以餵未滿1歲的嬰兒食用蜂蜜，因此蜂蜜導致嬰兒肉毒桿菌中毒症的案例就減少了。

芽胞在細菌身處惡劣環境時，會成爲耐久性極高（非常強壯）的細胞構造，進入休眠狀態。這是因爲蜂蜜中果糖和葡萄糖的糖度高（只有約20%的水分，其他幾乎都是糖），因此細菌無法繁殖。芽胞雖然也無法發芽，卻能夠進入休眠的狀態[*2]。

◎ 嬰兒身上的常駐菌尚未齊全

只要出生滿8個月後，即使蜂蜜中肉毒桿菌的芽胞進入體內，也不會中毒。我們也許會在不知不覺間從其他農作物上吃進芽胞，但都不會發生中毒。

一旦吃進含有肉毒桿菌芽胞的蜂蜜，芽胞就會解除休眠狀態，在口腔、食道、胃等處繁殖。不過，由於胃裡有胃酸（稀薄的鹽酸），細菌在那裡會被消滅。即使有物質從小腸來到大腸，也會因爲大腸內的腸道菌而被消滅。

然而，由於嬰兒胃酸的殺菌能力較弱，其腸道菌的功能也還不夠強，肉毒桿菌就會在大腸內繁殖產生毒素。一開始會出現便秘的症狀，之後會持續食物中毒的症狀。

只不過，嬰兒只要出生超過8個月後，腸道就會和成人一樣都有細菌分布。這些腸道菌可以抑制肉毒桿菌芽胞的發芽或繁殖。

因此才會說，用不著擔心嬰兒以外的人因爲蜂蜜出現肉毒桿菌食物中毒的症狀。

*2 這些被細菌汙染的食品，若沒有充分加熱就會留下芽胞，在眞空袋或鐵罐等厭氧狀態下發芽、繁殖，排出許多毒素到食品內，進而引起中毒。

10 為什麼會長青春痘？

青春痘是青春期時皮脂分泌旺盛而引起的症狀，毛孔中的痤瘡桿菌繁殖後引起炎症惡化。為了不留下青春痘疤，早期治療很重要。

◎ 青春痘的原因是痤瘡桿菌的繁殖和發炎

90％以上的日本人在10幾歲時都會長青春痘（青春痘也叫痤瘡）。導致青春痘的原因，是住在毛孔內叫做痤瘡桿菌的常駐菌。

青春期時，男性賀爾蒙的作用使得皮脂分泌旺盛和角質化（由皮膚的細胞分化，形成表皮的角質層）的異常，使得毛孔阻塞變成面皰，爾後發作形成青春痘。白色凸起的是「白頭粉刺」；毛孔打開，前端黑色的則叫做「黑頭粉刺」。

毛孔中痤瘡桿菌繁殖引發炎症成爲「青春痘」，有時會化膿，若炎症惡化會形成囊腫（裡面有固體形成的袋狀物）和結節。炎症治好後，若經過紅斑和色素沉澱的情況，有時會留下疤痕（傷疤）或蟹足腫（隆起的傷疤）。

青春痘發作的過程

◎ 青春痘的早期治療很重要

青春痘通常是在13歲左右發作，高中生年紀的症狀最爲嚴重，20歲左右就會治好。一旦惡化，留下疤痕就會難以治療，因此必須盡早去看皮膚科。

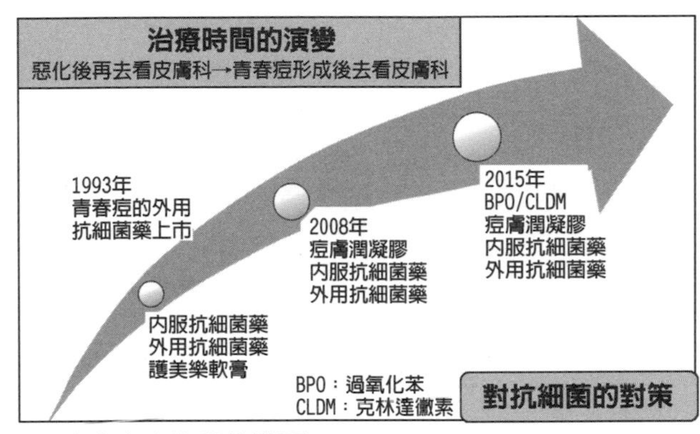

日本青春痘治療的變遷

出處：林伸和《青春痘的發作機制、治療、預防》香粧會刊 Vo140, No.1, 第 12-19 頁 (2016) 變更部分內容

痘膚潤凝膠會和皮膚表面的細胞（表皮細胞）結合，治療毛孔的角質異常。

另外，過氧化苯(BPO) 是強力的酸化劑，會產生自由基[*1]，殺死痤瘡桿菌。

在 1993 年外用抗細菌藥登場以前，由於症狀輕微的青春痘缺少高效用的藥物，因此一般的做法是等發炎惡化後再去看醫生。不過當 2008 年治療藥痘膚潤凝膠（Adapalene）通過認證後，狀況完全改變，還沒有發炎的青春痘和青春痘前的狀態（微小面皰）都能夠治療了。一般會建議在症狀輕微時，就積極地接受治療。

以前在引發炎症的青春痘治療上，有時痤瘡桿菌會變得有抗藥性，但痘膚潤凝膠不會引起抗藥性。另外，到了 2015 年，不會產生抗藥性的過氧化苯（BPO）和克林達黴素（抗細菌藥）的組合藥物上市後，藥物治療變得更加充足，一直到現在。

*1 自由基也叫做游離基，指擁有不對稱電子（原子、分子最外側電子軌道上，沒有呈雙對的電子）的原子、分子或離子。

11 為什麼會發臭？體臭如何產生的？

「汗臭味」、「腳臭」、「老人味」等味道和微生物有關。那為什麼會有這些味道呢？讓我們來看看這種機制吧。

◎ 汗原本並不會臭？

過去曾經有過汗臭味等於男性魅力的時代，不過現在體臭已經完全不受歡迎了。話說回來，雖然有個詞叫做「汗臭味」，這種說法會讓人覺得汗水本身是臭味的源頭，但實際上並非如此。

有個名爲**汗腺**，即會出汗的微小器官廣泛分布在我們身體除了嘴唇和部分的生殖器官以外的部位。

運動時或做三溫暖所流的汗水，會從汗腺中的**外分泌汗腺**流出，其中99%都是水分。除了水以外，也包含有鹽分、蛋白質、乳酸等物質，不過每種物質都很少，所以**原本汗並不會臭**。這種汗水會調整我們的體溫。

流汗經過一段時間後，由於其中含有些微的蛋白質、乳酸等物質會被皮膚上的常駐菌分解，散發出酸臭味。

附著在衣服上的汗水中，除了皮膚的常駐菌，許多細菌也會在裡頭繁殖，最後變臭。

◎「腋下臭」是世界的常識？

汗腺中，除了外分泌汗腺還有另一個種類，那就是頂漿腺。頂漿腺在小時候並不發達，等到了青春期，在腋下、鼠蹊部、胸部和外耳道（從耳洞入口到鼓膜間的管）等處會變得發達。雖然人類以外的哺乳類身上都有許多頂漿腺，不過在人類身上，只分布在重要的地方。

	外分泌汗腺	頂漿腺
部位	幾乎全身的表皮	腋下、乳頭、外耳道、鼠蹊部
味道	無	幾乎沒有
顏色	無色	乳白色

從頂漿腺會流出少量的汗水，這是含有脂肪、蛋白質的乳白色液體，有點黏。剛流出的汗水不會有味道。

不過，由於這種汗水含有外分泌汗腺缺乏的脂肪成分，又是濃稠的汗水，會被住在毛孔附近的細菌不斷分解，形成獨特的「臭汗」。

腋下的頂漿腺就像這樣流出許多汗，散發出強烈的味道，這就叫做腋臭，俗稱狐臭。原本這種味道是用來吸引異性、主張地盤，世界上有腋臭的人占了大多數。

不過日本人、中國人、朝鮮人等東亞民族卻是例外，有腋臭的人只占5～20%，是少數派，雖然因此被視爲健康上的問題，不過就全球觀點而言，這並非奇怪的症狀。

◎ 為什麼腳會臭呢？

爲什麼腳會臭呢？

腳上有著密集的汗腺，會流出許多汗。我們每天會流200毫升的汗水，聽起來眞驚人呢！不過，腳上的汗腺是外分泌汗腺。就像前述的內容一樣，外分泌汗腺流出的汗水原本不會臭。

不過，腳通常被鞋子或襪子所包裹著，而腳趾間是格外溫暖、潮濕的環境，對細菌而言是理想的居住環境。

同時，由於腳有支撐全身體重的功能，腳底的角質層在全身中也算特別厚的。角質會變成死亡細胞，成爲汙垢後脱落。由於腳底的角質層很厚，汙垢的量也不少。

腳上的皮膚常駐菌，除了汗水的成分，也會把死亡的皮膚細胞，也就是汙垢當作食物繁殖。這時分解的生成物，就會散發臭味。

話説回來，爲了避免腳臭，或許有人覺得只要用力洗腳就好了。不過這種做法並不對。只要把皮膚表面死去的皮膚細胞，也就是汙垢輕輕地洗掉就好了；如果用力搓洗，就會傷害還沒有脱落下來的表皮。

腳變臭時，就表示鞋子或襪子已經變成細菌容易居住的環境了。因此，注意隨時隨地保持清潔很重要：要經常保持鞋子的乾燥（將報紙塞入鞋子內除溼等）、不要一直穿同一雙鞋子，並且將鞋子放置在經常保持通風的地方。

如果味道很重，就要活用除臭噴霧、除臭鞋墊之類的產品。另外，不需要特別提醒，每天都必須換上新的襪子喔。

◎ 老人味是一種什麼樣的味道？

老人味指中老年人身上的「特有的味道，是脂肪的味道」。由於有味道的物質會被皮脂的脂肪酸所酸化，並被皮膚常駐菌分解，變成2-壬烯醛（2-Nonenal）[*1]。無論男女，40歲以後體味就會變重，就算是皮脂量比男性還少的女性也無法安心。特別在皮脂量會增加的季節，要特別注意。

老人味容易發生的地方，包括皮脂分泌量大的頭部、自己難以注意到的脖子後方或耳朵周圍、胸前、腋下或背部等部位。

因應措施方面，最主要的就是洗澡或泡澡時輕輕地洗去多餘的皮脂以及汗水，保持清潔。另外也要隨時擦拭皮脂或汗水，在意的話，就用老人臭專用的體香劑吧。

*1 2000年12月11日，資生堂研究中心研究員土師信一郎等人發現高齡者體味的原因是一種叫2－壬烯醛的成分，這種成分有青草和油性的氣味。不但在男性被發現，也在老年女性的體臭研究中被發現。資料來源：維基百科。

12 清潔得太乾淨，對美容無益？

> 肌膚看起來水嫩光滑，都是因為皮膚上常駐菌的緣故。皮膚表面保持弱酸性，就能預防喜歡鹼性的病原菌繁殖、入侵。

◎ 不可以過度清潔

每個人爲了保持肌膚乾淨，會用洗面乳或肥皂用力清洗臉部或身體吧？這麼做，其實對肌膚並不好。

我們皮膚表面有保持肌膚清潔的常駐菌，這麼做就會將這些細菌洗掉。不過，殘留在毛孔中的細菌馬上就會開始繁殖，半天左右就會恢復原狀。

不過，用卸妝產品或洗面乳洗臉的話，肌膚就會偏向鹼性，會使得皮膚變乾燥。而卸妝液不只細菌，連尚未脫落的角質細胞都會洗得一乾二淨，使得肌膚變得極度乾燥。這麼一來，就會變成表皮葡萄球菌[*1]難以居住的環境，因此爲了皮膚上的常駐菌，重要的是不可以洗得太過頭。

◎ 溫柔的保養肌膚

雖然必須用卸妝產品仔細地卸妝，不過要小心，避免潔淨力太強的卸妝產品。盡可能偶爾幾天不要上妝，當天早晚只用水洗臉，保護肌膚和細菌。

*1 在日本也稱「美肌菌」，能夠分泌滋潤肌膚的甘油相關物質、產生抗菌肽避免皮膚乾燥，或擊退引起異位性皮膚炎的金黃色葡萄球菌，有維持肌膚健康的重要作用。

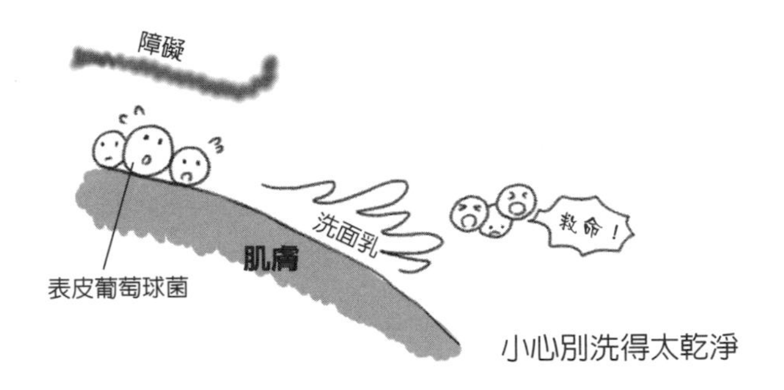

另外，爲了維持肌膚的健康，適度流汗很有用，汗水可以提供表皮葡萄球菌營養，預防皮膚乾燥。

汗水中含有抗菌成分，可以作爲免疫作用之一擊退皮膚的皮下脂肪所產生的病原菌。因此，爲了維持肌膚健康，出汗也很重要。

◎ 皮膚的常駐菌討厭紫外線

紫外線會產生化學變化引起殺菌作用；殺菌作用雖然會殺掉病原菌，但這樣對維持肌膚健康的常駐菌也不好。

紫外線除了有產生體內維生素D的益處，另外有許多缺點：不僅會使免疫機能下降、傷害細胞內的DNA（基因），也會讓人容易得到皮膚癌。除了皮膚癌以外，也會讓含有黑色素的蛋白質增加，造成皮膚變黑的曬黑現象，或使眞皮發生炎症，產生和燒傷同樣現象的曬傷（sunburn）。

另外，長時間曝曬在紫外線下，會使皮膚長皺紋、長斑等，引起早期老化現象。我們平常生活時，必須衡量紫外線的益處和壞處。

使用肥皂清洗有頂漿腺的部位、腳和腳趾間，以及腸道常駐菌出口的肛門附近。

頂漿腺會流出含有脂肪成分的汗水。這種脂肪成分會因住在出口的毛孔的細菌分解，而散發出獨特的味道。

頂漿腺位於臉部的好幾個地方（包含額頭的T字部位）、腋下、乳頭周遭、肚臍、及生殖器官附近。

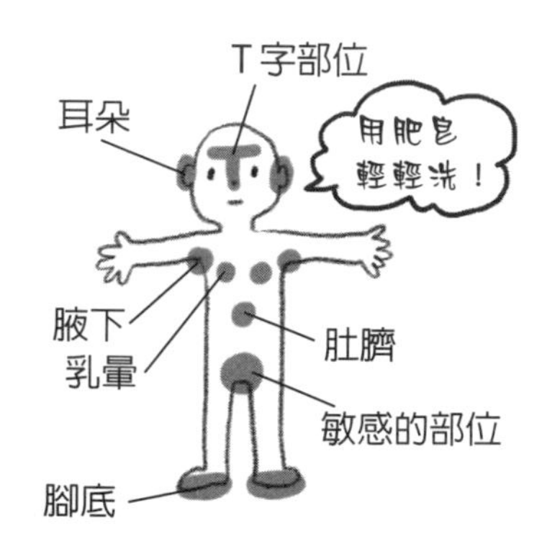

防曬時，基本上是併用帽子、衣服和陽傘。去海邊或健行時，也必須擦能夠抵抗UV的防曬乳（油）。

◎ 適合清洗身體的方法

爲了保護我們肌膚上的常駐菌，要用最適合清洗身體的方式把汙垢洗乾淨。

表皮最上層的角質層每天都會脫落一點，這種自然脫落的汙垢，只要沖洗掉就可以了。

如果用力搓洗，反而會不小心傷害還沒有打算脫落的表皮，造成反效果。

13 抗菌產品真的對身體有益嗎？

最近美妝店陳列著許多標榜有抗菌 除菌功效的商品。不過，只要常用這些商品，也會對我們身上的常駐菌產生抗菌作用。

◎ 除菌、殺菌、滅菌、抗菌有什麼不同？

這些名詞當中的「菌」，代表細菌、黴菌、病毒。讓我們來看這些名詞的不同之處吧。

除菌：去除目標物內部及表面的微生物。有過濾除菌法、沉降除菌法及洗淨除菌法。
殺菌：殺死目標物內部及表面部分或所有的微生物。
滅菌：消滅或去除目標物內部及表面所有的微生物。
抗菌：指殺菌、滅菌、除菌、抑菌、制菌、防腐及防菌。

◎ 抗菌的壞處

我們生活周遭充斥許多標榜抗菌功能的物品，如電扶梯的扶手或電車裡的吊環等；文具、衣服、鞋子等生活用品也都會用到抗菌的文字，不知不覺間，抗菌、除菌已經可以說是種潮流了。

在日常生活中，我們常會爲細菌的繁殖而傷透腦筋。譬如，廚房流理台黏液的味道就是細菌繁殖所產生的，散發出討人厭的味道，而且砧板也容易成爲細菌的溫床。還有流汗後的味道會很重，是因爲細菌分解汗水而導致，這種時候在衣物滲入或噴上殺菌劑，就能防止細菌的繁殖。

不過，抗菌就沒有壞處嗎？

我們的身體從腸道開始，到皮膚、氣管等許多器官上，都住著各式各樣的細菌或眞菌。一般認爲，抗菌產品的作用也會消滅掉這些常駐菌。

如果太頻繁使用藥用肥皂或除菌酒精，就會破壞肌膚上細菌的平衡，據說也會讓造成肌膚問題的細菌變得更容易繁殖。

皮膚常駐菌互相保持著密切的關係，彼此維持複雜的平衡；只要保持平衡，就算有新的細菌入侵也無法定居下來，這就叫做**拮抗作用（antagonism）**。

如果太常使用抗菌產品，這種平衡關係就會瓦解，反而會導致病原菌入侵的危險。不上不下的殺菌甚至會讓病原菌對這種抗菌產生抵抗力。一般認爲，這就會導致抗生素變得難以發揮效用。

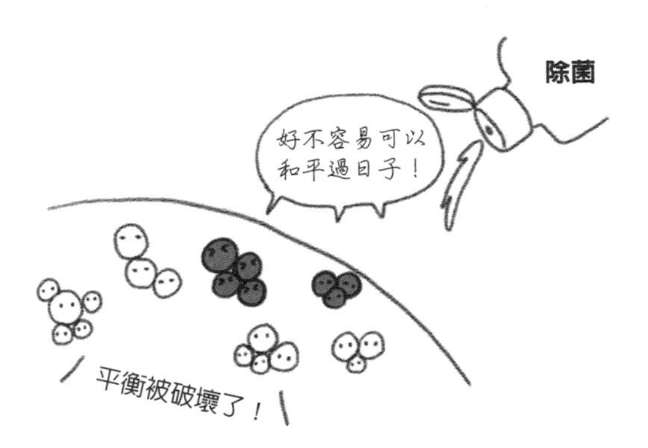

◎ 要注意沒有效的除菌商品

銀和銅也有抗菌性，在日常生活使用上對環境無害，但在提倡這種效果的商品中，有不少商品的可信度令人存疑。

廁所會變臭，是由於廁所環境裡小便成分的尿素被細菌分解而產生氨的緣故，因此就有販賣使用銀離子作爲廁所除臭劑的產品。

不過，譬如到目前爲止有標榜「用銀離子除菌」之類的產品，公平交易委員會卻提出撤除命令：「由於商品實際上沒有如標示的效果，違反商品標示法」[*1]。

銀和銀離子確實有抗菌性，但這些產品會收到撤除命令，是因爲銀的含量非常微量。

*1 針對 Earth 製藥 2007 年的廁所芳香清潔劑，以及小林製藥 2008 年販賣的廁所芳香除臭劑「銀的 BLUELET 放置型除臭劑」及「銀的廁所用除臭劑」等商品，指因應抽獎或特定活動所提供的贈品（報酬），而非直接的商品。

另外，在 2014 年蔚爲話題的「空氣清淨頸圈」、「房間放置型空氣清淨器」，都是標榜可在空氣中釋放二氧化氯效果，使得生活空間能夠除菌、消臭的空間除菌商品。

不過，眞的只要將空氣清淨頸圈或房間放置型清淨器放在一旁，就能有除菌效果嗎？因此消費者廳要求 17 間公司提出能夠印證標示的合理證據，不過每間公司提出的都是在密閉空間的試驗結果。在有通風、出入口的房間内，產品效用並沒有通過認證。

二氧化氯要在生活空間中展現充分的殺菌效果，必須要有數百 ppm 以上的濃度，而若是這麼強的酸化力，吸入體内也是對人體有害的。

就像這樣，標榜能夠「抗菌」或「殺菌」的商品中，有不少商品的效果都讓人懷疑。

真的有效嗎……？

14 蛀牙和牙周病會成為重大疾病的源頭？

> 蛀牙和牙周病等口腔疾病，是如何產生的呢？另外，也有最近發表的研究指出牙周病和重大疾病有所關聯。那是怎樣的疾病呢？

◎ 蛀牙的機制

我們的口腔內住著各種常駐菌（細菌），其中有一種叫做**轉糖鏈球菌（Streptococcus mutans）**的細菌，會引起蛀牙。

如果不刷牙，這些細菌和它們的產物會與食物留下的殘渣結合，形成牙齒表面的齒垢。這些齒垢會和各種細菌共同形成名爲菌膜（biofilm）的堅固結構，如果不透過刷牙等物理性的方法，就會無法去除。

齒根發炎！　　中年以後要注意！

齒垢容易累積在臼齒上下的溝槽內，以及牙齒和齒根間的隙縫內，在內部將砂糖當作原料產生乳酸之類的酸性細菌會增加，溶解牙齒的鈣質（這叫做脫鈣現象）。

由於唾液是鹼性的，雖然有讓脫鈣的牙齒表面恢復原狀（再度鈣化）的作用，但要是攝取砂糖的頻率增加，或者不刷牙，蛀牙就會越來越嚴重[*1]。

*1 其他還有唾液量或體質等各種因素而產生蛀牙。

特別是牙齒生長後數年間，較容易得到蛀牙，因此從小就養成正確刷牙和不要太常攝取甜食等的習慣就很重要。

另外，由於蛀牙是一種傳染病，為了不讓成人身上的細菌感染到其他人身上，最好不要用口腔餵食，或共用餐具、筷子等。

幼童的蛀牙容易在牙齒表面形成，不過成人或老人在牙齦、假牙或治療痕跡的周圍，也會形成蛀牙，不但要定期刷牙，也要做好以下提到的牙周病檢查，定期看牙科接受檢查才行。

◎ 牙周病的機制

牙齦上有著叫做牙周囊袋的凹陷處，牙周病（齒周炎）是牙垢附著在牙周囊袋上而引起的。

牙垢會鈣化成為牙結石，造成牙周囊袋發炎，嚴重的話，齒根會脫落，甚至會化膿（牙齦膿腫），最後牙齒會鬆脫、掉落。因此不僅要用牙刷仔細地去除齒垢，由於中年以後，牙縫間特別容易積菜渣，因此用牙刷或牙線清理牙縫，或定期去看牙醫洗牙都很重要。

◎ 也會引起中風或心肌梗塞

放著蛀牙不管，不僅會導致牙痛或引起口臭，牙齒中心的牙髓也會化膿，甚至會侵蝕頜部的骨頭造成病變，或引起全身性的細菌感染，變成敗血症。

和蛀牙、牙周病可能有關的疾病

蛀牙、牙周病

- 腦中風
- 吸入性肺炎
- 心肌梗塞
- 心內膜炎
- 動脈硬化
- 糖尿病
- 嬰兒體重過輕
- 早產

最近，許多研究也得知蛀牙或牙周病會引發齒源性菌血症（odontogenic bacteremia）。

現已知牙周病病原菌的刺激，會刺激且引發產生誘導動脈硬化的物質，血管內形成粥狀硬化（粥狀的脂肪性沉澱物，和牙垢的成分不同），有可能引發動脈硬化、腦中風、心肌梗塞等疾病。

以往總認爲動脈硬化的主要因素是不當的飲食生活、運動不足、壓力等生活習慣等，不過口腔中的清潔也有影響的可能。

甚至有研究指出，蛀牙也會導致老人的吸入性肺炎（aspiration pneumonia）、心內膜炎、糖尿病等風險提高，所以我們必須仔細呵護牙齒才行。

15 什麼是腸道菌群？

最近腸内菌備受矚目，我們時常能聽見「腸道菌」這個詞，那麼腸道菌到底是什麼呢？腸内菌繁殖的頻率又需要多久？

◎ 腸道細菌群＝腸道菌

一般認爲，腸內有數百種，數量上有 100 兆個左右的細菌存在。據說總重量約有 1.5 公斤重。過去雖然認爲「有 100 種左右」，不過培養、調查糞便内的細菌，並抽取細菌的 DNA 辨別後，發現有許多難以培養的細菌，因此總數量有增加。

這些腸道菌，每一種菌會在各自的領土上群聚生活，形成腸道細菌群[*1]。腸道細菌群指同種類的細菌就好像花海一樣，附著在腸壁上生存，就好像植物群生的樣子，因此才叫腸道菌群。

◎ 腸道菌主要在大腸内活動

腸道菌主要在大腸內活動。大腸的長度比小腸還短，面積也比較小，那爲什麼腸道菌主要會在大腸內活動，而不是小腸呢？首先，食物會經過口腔、食道、胃，來到十二指腸等小腸的上方。在那裡不只是消化，也會開始進行吸收。因此，腸道的每個部位營養成分的物質和量也不同。

我們在吃東西時也會吸入空氣。空氣中含有 21％的氧氣，細菌中也有分爲「好氧菌」和「厭氧菌」。厭氧菌是有氧氣就無法繁殖的細菌，而好氧菌更分爲三種。

*1 「群」代表「群聚」、「許多東西聚集」的意思。

好氧菌

→ 兼性厭氧菌（無論有無氧氣都能繁殖）

→ 微好氧菌　（在氧氣濃度3～15%左右的環境下繁殖）

→ 專性好氧菌（需要氧氣）

進入口腔內的空氣中的氧氣，會被腸道上部的好氧菌拿來使用，進入腸道下方後，腸道內的氧氣濃度降低，到大腸爲止幾乎都是完全沒有氧氣的厭氧環境。

由於小腸內還有氧氣，許多**兼性厭氧菌（facultative anaerobes）**的乳酸桿菌會住在這裡。從盲腸到大腸幾乎是無氧狀態，只要有氧氣，不僅無法繁殖甚至會消滅的**專性厭氧菌（obligate anaerobes）**，會在這裡爆增。

另外，由於膽汁中的膽汁酸（bile acids）擁有肥皀及清潔劑般的表面活性作用，會溶解細菌的細胞膜，能夠殺菌，細菌因此變得難以繁殖。

每天總共有20～30公克的膽汁在腸內分泌，分泌出的90%膽汁酸會被迴腸重新吸收、重新利用。因此，比起迴腸，大腸才是腸內細菌主要活動的地方。

◎ 主要的腸道菌和大腸菌

由於胃裡有胃酸（濃度 pH1～2[*1]）微生物幾乎無法在這裡繁殖。其中占最多的就是引起胃炎、胃潰瘍原因的幽門螺旋桿菌（有關幽門螺旋桿菌的內容，請看第 211 頁）。

由於膽汁的作用會影響到十二指腸、空腸，因此每公克的細菌數約 1 千～1 萬個左右，乳酸桿菌和鏈球菌會在此繁殖。

迴腸內，每公克約有超過 1 億個菌數。大腸內每公克甚至約有百億～千億個細菌，數量更多。其中，最多的是**類桿菌**，其次是**雙岐桿菌**。

◎ 大腸內的大腸菌多嗎？

第一個在腸道中發現的細菌是**大腸菌**。雖然大腸菌有各式各樣的種類，幾乎都對人體無害。許多大腸菌會在腸內合成維生素，抑制有害細菌的繁殖，對我們的健康有益。

不過，其中也有叫做病原性大腸菌（大腸菌毒性株）的細菌會引起下痢或腹痛。其實，**大腸菌在腸道菌的總數不過占了 0.1%而已**（也有文獻寫 0.01%）。明明在腸內細菌中的比例非常低，對一般大眾而言，大腸菌等同於腸道菌代表性的存在，原因在於大腸菌繁殖速度很快，較容易被檢驗出來。

*1 pH 是水溶液的酸性 鹼性的比例，用 0～14 的數值表示的氫離子指數。7 代表中性，數字越小，酸性越強，數字越大，鹼性越強。記號 pH 是「potential hydrogen」的簡稱。

腸道菌群

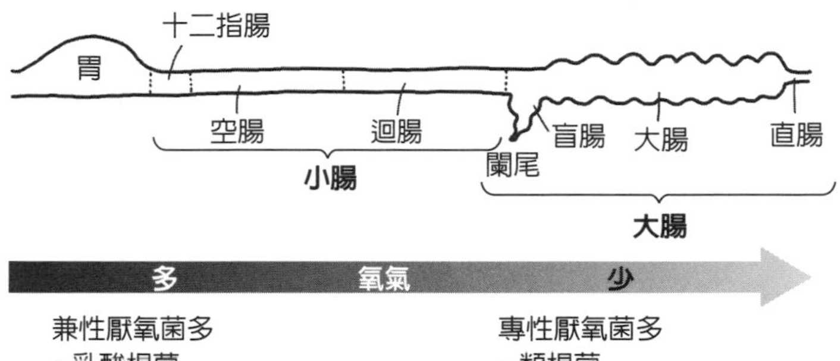

兼性厭氧菌多
・乳酸桿菌
・鏈球菌

專性厭氧菌多
・類桿菌
・雙歧桿菌

16 印象中對健康有益的乳酸菌和雙歧桿菌是什麼？

「益生菌（probiotics）」是對人體有益的微生物，以及包含他們的產品、食品也是有益的。最具代表性的就是乳酸菌和雙歧桿菌。

◎ 乳酸菌和雙歧桿菌並非同種

乳酸菌是分解糖、製造乳酸的菌種的總稱，存在著許多種類。乳酸桿菌屬的乳酸菌會在人體中繁殖，包括小腸和女性的陰道內。雙歧桿菌會從醣類製造醋酸和乳酸，特別是有吃母乳的嬰兒腸道內，經常會有雙歧桿菌定居於此。

另外，以前雖然將雙歧桿菌視爲乳酸桿菌的同伴，不過由於呈Y字型分支生長，現在已歸類到放線菌的種類中。

◎ 乳酸菌給人健康的印象，是源於梅契尼可夫論

乳酸菌、雙歧桿菌對健康有益的想法，可以追本溯源到俄羅斯出生的微生物學家梅契尼可夫（西元1845～1916年）。20世紀初，他以自身推舉的「大腸內細菌製造出的腐敗物質才是老化的原因」的自體中毒論爲基礎，提倡「保加利亞斯莫梁地區的人大多長壽，主要的因素就是優格」的說法。他本人也大量攝取優格，盡可能讓大腸充滿乳酸菌，以趕走老化原因的大腸菌。

他提倡攝取乳酸桿菌的話，就會在腸內繁殖，抑制有害細菌的增加，就會健康和長壽[*1]。

*1 梅契尼可夫的論述，由赫雪爾（Herschel）在1909出版的《發酵牛奶和純培養乳酸桿菌而引發疾病的治療（暫譯）》，和2年後道格拉斯出版的《長生的桿菌（暫譯）》而流傳於世。

◎ 只是活著到達、通過腸子而已

不過，喝下乳酸菌飲料是否眞的能夠不罹患疾病、活得比較久？這點並不太清楚。根據20世紀後半的統計，保加利亞人的平均壽命並沒有比較長。

而且，即使喝下含有活生生乳酸菌的飲料，乳酸菌也會因胃酸而無法存活，沒有辦法在腸内形成可以繁殖的環境。

1930年代，日本的微生物學家代田稔，拿到不會因爲胃酸被消滅、能夠到達腸子的強壯乳酸桿菌（乾酪乳酸菌代田株）。1935年，他成功使之在發酵牛奶中成長，名爲「養樂多」的飲料就此問世。不過，**就算是活著到達腸道的乳酸菌，也不會定居在腸道裡，只是通過而已**。

一般認爲就算活著來到腸子，在通過腸道的時候，會分泌乳酸或醋酸等對常駐菌有正面影響的物質，就算是被殺菌的細菌，也有成爲常駐菌糧食的作用。

◎ 眞的對健康有益嗎？

市面上也有用乳酸菌或雙岐桿菌做成的健康食品。不過，即使是濃度最高的益生菌食品，每一小袋頂多只含有數千個細菌。腸道内有數百倍以上的細菌存在，或許不要期待攝取益生菌對人體有益比較好。

另外，考慮到即使細菌活著也只是通過腸子而已，要檢證是否會帶來好的影響，必須花費漫長的時間吧。

雖然市面上有各種益生菌食品，也只能邊注意自己身體的狀態，尋找適合自己的產品了。

目前關於益生菌比較有科學根據的，就是抑制感染性下痢，降低因抗生素治療產生的下痢風險，以及從壞死性肺炎（襲擊早產兒的腸道疾病）中保護兒童而已。

不過益生菌並非藥物，而是被分類爲食品。藥物有嚴格的規定，但食品的話就非常寬鬆。

不過，由於益生菌食品的思維已經屹立不搖了，攝取適當的微生物，對健康有正面影響的可能性依舊存在。

17 腸道菌都在做什麼？

形成腸道菌群的腸道菌，到底是如何影響我們的身體和健康的呢？另外，為什麼腸子又叫做「第二個腦」呢？

◎ 腸道菌群會將食物不消化的部分當作糧食

我們體內的消化器官，是從口腔、食道、胃、十二指腸、小腸、大腸到肛門等順序連接起來的一條長長的管子。從口腔通往肛門的食物通道，就叫做**消化器官**。

小腸和大腸內有許多腸道菌，大部分都在大腸內。就讓我們來看看，大腸的腸道菌群都在做什麼吧！

從口腔攝取的食物，會在胃、十二指腸、小腸等處，將澱粉中的醣類轉換成葡萄糖、蛋白質轉換成胺基酸、脂肪轉換成脂肪酸或甘油消化後，讓身體吸收。

食物沒有消化的部分、消化液、消化器官上皮剝落的部分，會來到大腸。大腸的常駐菌，會把其中一部分當作營養爲生。我們的腸道內，形成適當的溫度和 pH 值，營養會接連不斷地來到這裡，對細菌而言是容易居住的環境。

腸道菌群的細菌中，最多的是**類桿菌屬**，在糞便裡的細菌中占了 80%。接著最多的分別是雙岐桿菌、眞桿菌屬[*1]。

*1 科學雜誌《Nature》2015 年 1 月號，標題爲「腸道菌類桿菌是利己性，會獨占甘露聚糖」的報告，說明了類桿菌的性質。甘露聚糖是形成酵母細胞壁的多醣類，到小腸之前都無法消化。

另外，類桿菌的同伴（Bacteroides plebeius）會分解海藻所含有的食物纖維，產生酵素，而目前也知道有吃海苔習慣的日本人腸道中，大多有這種細菌。

類桿菌以及雙岐桿菌，會把在我們體內難以消化的果寡糖（fructooligosaccharides，FOS）、木寡糖（Xylo-oligosaccharide）半乳寡醣（galacto-oligosaccharide，GOS）等寡糖類（二個到十個單醣組成的少醣類）當作營養。能夠當作營養的代謝產物，主要是醋酸、乳酸、丁酸等酸類，以及維生素（B1、B2、B6、B12、K、菸鹼酸、葉酸）、氫、甲烷、氨、硫化氫。

◎ 腸子是第二個大腦

人只要承受強大的壓力，就會引發便祕或下痢，這顯示大腦和腸道的密切關係。那麼，如果把連接大腦和腸道的神經切斷，又會發生什麼事呢？

腸道裡每個角落都布滿了神經。**腸道的神經是和大腦獨立的網絡，會和其他的消化器官互相協調、作用，也能直接對其他內臟做出指示**。因此，即使切斷大腦通到腸道的神經，腸道也會自己進行蠕動（指排出糞便和屁的腸運動），也會分泌消化液。也就是說，大腦和腸道有時會互相聯絡，有時腸道並不會借助大腦的幫忙，而是自行進行蠕動運動[*2]。

腸道的蠕動是爲了讓糞便順暢地在胃到直腸的道路上移動，是不可或缺的運動。不僅如此，還會促進分泌讓人想排便、分解食物或消化不可或缺的酵素、激素。

*2 1980年代，美國的研究家麥可．葛森博士（Michael D. Gershon）發表「腸子是第二個大腦」的學說，指出腸子的作用。

類桿菌Bacteroides plebeius

人體內有很多的腸道菌

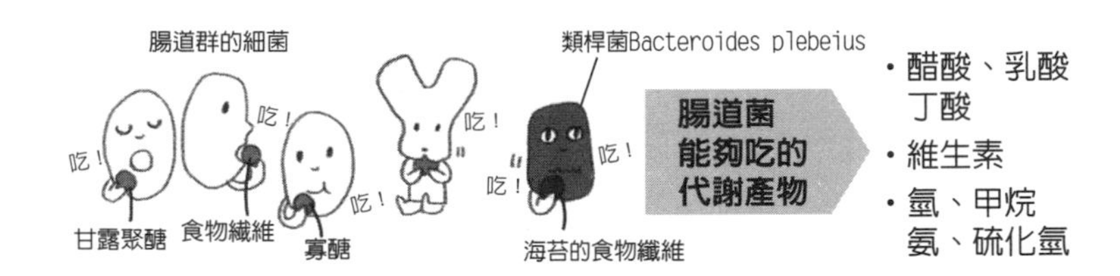

這種蠕動，和大小腸內加起來總共約1億個神經細胞息息相關。這種神經細胞的數量，只比大腦（約150億個以上）少。

大腦只要感受到沉重的壓力，就會透過自律神經瞬間傳到大腸，引起便祕、腹痛或下痢。相反地，下痢、便祕等大腸不舒服時，也會透過自律神經給大腦施加壓力。也就是說，容易引起壓力不好的循環。

目前已知，腸道菌不僅和腸道的這些機能有密切的關聯性，也和腸道菌製造出的各種物質，以及大腦或其他內臟息息相關。

腸道菌群就像這樣對人體維持健康帶來深遠的影響。

18 忍住的屁都跑哪裡去了？

> 屁是和食物一起吃下去的空氣、食物因腸內細菌的作用而發酵的氣體，以及來自血管內血液通過腸道黏膜等氣體混雜而成。

◎ 屁的成分

從口腔吞進去的空氣以及在腸內產生的氣體，會和透過放屁、打嗝排出的氣體量取得平衡。如果這種平衡正常，一般腹部裡會有 200 毫升（約一杯水）左右的氣體。

從口腔進入在腸內產生的氣體，幾乎會被血液吸收，通過肺部在呼吸時排出體外。打嗝或放屁排出的氣體，只占來到腹部的氣體中不到 10％的量。放屁的量會因食物或身體狀況而改變，據說每次約排出數毫升到 150 毫升左右，每天排出的氣體約 400 毫升到 2 公升。

認真致力於屁的研究的，是以阿波羅計畫和太空梭而知名的 NASA（美國太空總署）的研究團隊。在狹窄的太空船內，如果累積又臭又毒的屁，那就大事不妙了。再加上太空食品雖然少量，卻都是高卡路里，屁的生產效率高，氫和甲烷的生產量也多，因此有時會有瓦斯爆炸的危險。

根據團隊的研究，屁裡面約有 400 種成分。屁主要的成分：60 到 70％是吸入空氣中的氮、10 到 20％是氫、10％是二氧化碳[*1]。

*1 其他還有氧氣、甲烷、氨、硫化氫、糞臭素、吲哚、脂肪酸、揮發性的胺等物質。

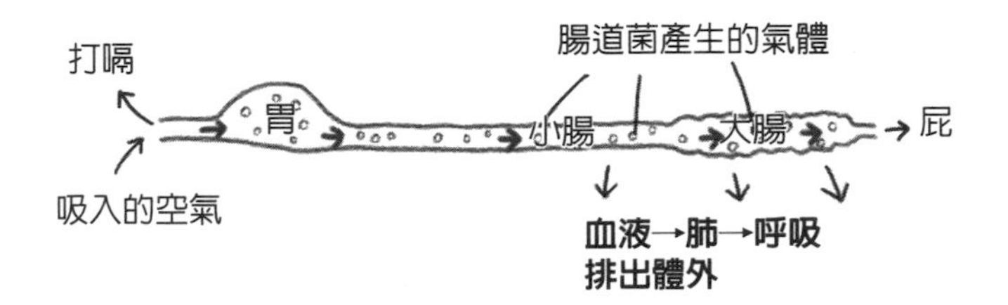

和食物一起從口中進入的空氣成分，78％是乾燥空氣的氮、21％是氧氣、其他1％是氬。由於氧氣會被好氧菌消化，因此屁裡頭最多成分的氮氣，就形成這種氣體的主成分。

◎ 腸道菌呼吸形成的甲烷和氫

小腸內有氧氣，也有用氧氣呼吸的兼性厭氧菌。消耗氧氣呼吸時，會得到食物的營養成分（有機物），以及氧氣最後變成水和二氧化碳的過程中，產生的能量。

另一方面，在沒有氧氣的狀態下，會形成甲烷和乙醇（酒類成分中的酒精）、乳酸、醋酸等和二氧化碳。也就是說，沒有氧氣的狀態下，所有能當作食物的有機物都無法形成水和二氧化碳。因此，甲烷會在沒有氧氣的呼吸（無氧呼吸）下形成。

大腸中也有會製造氫的產氫菌。一般而言，醣類會在胃、小腸內消化、吸收，不過因吸收不良而來到大腸的醣類，會被細菌當作養分形成氫。

◎「發酵」和「腐敗」是腸道菌的呼吸嗎？

腸道菌爲了存活會呼吸，而在我們細胞內也會進行這種呼吸法。這種作用是爲了代謝，獲得能夠生存的營養。

這種細菌在無氧狀態下的呼吸（無氧呼吸、厭氧呼吸），對人類而言有好處也有壞處。乙醇和乳酸等代謝產物對人類有益的話，叫做發酵，而氨或硫化氫等對人類有害的話，叫做腐敗。

◎ 吃番薯容易放屁？

我們常說吃番薯會容易放屁。如果吃下番薯或牛蒡等食物纖維含量多的食物，人類的消化酵素無法分解的澱粉殘缺，會成爲腸道菌的營養源，使得腸内頻繁產生發酵。

不過，番薯所發酵的氣體，主要是無臭的二氧化碳，因此這種時候放的屁不會臭。

◎ 腸道菌所形成的臭氣

腸道内的氮、二氧化碳、氫、甲烷都是沒有味道的氣體，不過也有像是氨、硫化氫等有味道的氣體。氨和硫化氫，是腸道菌在分解蛋白質的時候所形成。醣類、脂質，是由碳、氫、氧形成，而蛋白質是這些物質加上氮。根據不同的種類，有些含有硫。

氨是由氮和氫結合而成的分子，非常容易溶於水，是惡臭且有毒的氣體。我們的細胞内也是由蛋白質、胺基酸的代謝形成，而在肝臟會形成毒性低的尿素。硫化氫是硫和氫結合而成的分子，是特別惡臭且有毒的氣體。

◎ 只吃魚和肉，屁會變臭

氨和硫化氫的確會臭，但微量卻更臭的就是糞臭素(skatole) 和吲哚 (indole)。屁會有味道，主要原因是大腸内蛋白質分解菌和腐生菌所產生的這些物質。

蛋白質一定含有氮。氨、吲哚、糞臭素也是含有氮的物質。氨是形成蛋白質的胺基酸代謝的產物；吲哚、糞臭素是由叫做色胺酸的胺基酸代謝形成；硫化氫是含有硫的物質，是由叫做含硫胺基酸，也就是含有硫的胺基酸代謝而成。

由於肉和魚含有大量的蛋白質，如果吃太多這些食物，就會大量形成有味道的物質[*2]。

壓力也會使得屁變臭。這是疲勞、壓力使得胃腸等消化器官無法順利消化食物，使得腸道菌的平衡失調。壓力會帶來便祕和下痢。一旦便祕，食物就會長時間停留在腸道內，容易引起腐敗和發酵。

就像這樣，屁是衡量腸道菌狀況的指標。

◎ 忍住不放的屁跑哪去了？

有時候，我們會突然想放屁，但如果附近有人，就會忍耐下來，此時就會縮緊肛門忍耐，只要繼續忍耐下去，屁就會消失無蹤了。不過這種時候，屁到底跑哪去了呢？請看次頁！

忍住的屁隨著時間經過，幾乎都被大腸黏膜中的微血管吸收到血液中了。這種時候，屁的量如果比較多，就會逆流到大腸前面的小腸，在這裡同樣也會由黏膜的微血管吸收到血液中。接著，進入血液中的屁，會隨著血液流向全身。

*2 糞便研究家的辨野義己，連續 40 天每天都吃 1.5 公斤的肉。每天不吃米、蔬菜、水果，持續吃肉的話，雙岐桿菌會減少，梭菌屬會增加，容易產生體臭，糞便也會散發出強烈的味道。

在此過程中，有一部分的屁會被腎臟處理掉，成爲小便的成分，剩下的就會運送到肺部的微血管，混在吐出去的氣體中，從口腔和鼻子排出體外。也就是說，我們在沒注意到的情況下，也會從口腔或鼻子放屁呢！

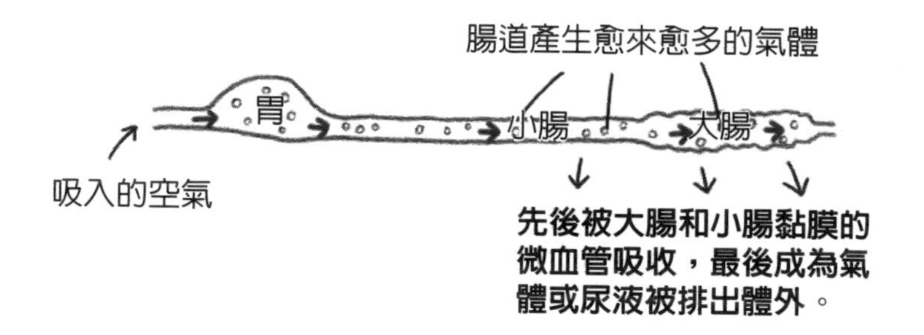

19　可以從糞便的顏色和形狀來檢查健康狀況嗎？

> 如果將我們體內的消化器官比喻成工廠，糞便就等同於產品。我們能夠從產品糞便的完成情況，看出工廠是否有好好運作。

◎ 什麼是糞便？

糞便內包含了食物沒有消化的部分、消化液、消化器官表皮剝落的物質、腸道菌的屍體（當然也有還活著的腸道菌）。大致上，水分占了糞便全體的60%，消化器官表皮剝落的物質（腸壁細胞的屍體）占了15～20%，腸道菌的屍體占了10～15%。

糞便的多寡及次數，會依食物的種類、分量、消化吸收狀態而有所不同，不過平常大概每天是100～200公克，一天排便一次。一般而言，吃下越多動物性食品，和多吃植物性食品時相比，排便次數也會下降。

◎ 理想的糞便是「香蕉」？

理想的糞便，顏色是黃色或摻雜黃色的褐色，就算有味道也不會臭，是柔軟的香蕉狀。相反地，接近黑色的顏色，及有惡臭的糞便，就是腸道菌的平衡失控。從糞便能知道腹部的同居人——腸道菌的狀態，與其和平相處對維持健康很重要。

次頁所列出的項目就是腸道菌的研究家辨野先生舉出「理想糞便」的例子。

- 每天排便。
- 不會阻塞，排出時很順暢。
- 顏色是黃色或黃褐色。
- 重量大約 200 ～ 300 公克。
- 分量大約 2 ～ 3 根香蕉。
- 雖然有味道，但並不臭。
- 硬度介於香蕉到牙膏間。
- 其中 80％是水分。
- 掉入馬桶內時在水中會散開，浮在水面上。

分量和硬度基本上就和香蕉相近，但重量很不容易測量，基本上就是 2 ～ 3 根香蕉的重量。

糞便的寬度，基本上由肛門緊縮的狀況決定。擁有理想硬度的大便，果然還是和剝皮後的香蕉同樣的寬度才對。容易斷的糞便，由於黏液的「外衣」有好好包覆，因此不容易沾附在肛門上，不需要用衛生紙重複擦拭好幾遍才能乾淨。這種黏液的眞面目是從消化道出現的黏液素和水分。

黏液素（mucins）的成分是醣和蛋白質組成的高分子。這種黏液會薄薄附在消化道和糞便的表面，使糞便能在消化道內順利移動，接著順暢地通過肛門。另外，唾液中也含有黏液素，能夠讓食物更容易吞嚥。

◎ 糞便顏色的秘密

糞便顏色中主要的成分是膽汁。**膽汁**是脂肪的消化吸收中重要的消化液，成分包括膽汁酸、磷脂、膽固醇、膽色素（主要是膽紅素），以及鈉、氯離子、碳酸鹽等電解質。膽汁會在肝臟製造，通過膽管、膽囊、總膽管等通道流入十二指腸。

膽汁酸是腸道內肥皂和清潔劑般的作用（表面活性劑）。水和油（脂質）雖然不會混合，不過藉由表面活性的作用，會讓不溶於水的脂肪酸、脂溶性維生素、膽固醇等脂質成分合而爲一，變得易溶於水，幫助脂質成分的吸收。

流入十二指腸膽汁中的膽紅素，受到大腸中腸道菌的影響，變成尿膽素原（urobilinogen），接著其中大部分都會轉變成糞便基本顏色——黃褐色的糞膽色素（stercobilin）。

◎ 用糞便的顏色檢查健康

如果糞便通過大腸的時間短，就會呈現黃色，而逗留的時間越長，糞便就會越來越黑。黃色或帶有黃色的褐色，是健康糞便的顏色。由於膽汁中黃色的色素混在糞便裡，通常會是茶褐色或黃色，或者接近綠色的顏色。

如果脂質的脂肪攝取太多，消耗太多膽汁，會來不及補充，就會出現有點白的糞便。如果知道是飲食的影響，就無須太過擔心。

不過，如果有肝炎或膽結石，也有膽汁流不出來的可能；有時可能會是肝癌、膽囊癌或者胰臟癌。

如果糞便裡有血液，或呈現瀝青狀就是危險的訊號。如果糞便表面摻血，很有可能就是痔瘡。不過，整個糞便變紅，會考慮到大腸出血，也有可能是大腸癌或直腸癌。

如果出現黑色的糞便，可能懷疑是上消化道出血的危險訊號，也有出血性胃炎、胃潰瘍、十二指腸潰瘍的可能。另外，若大量攝取魚肉等蛋白質，分解後會產生惡臭的物質，因此糞便味道會變臭。

◎ 糞便和香水的味道成分相同？

蛋白質被腐生菌分解後，會釋放出惡臭。成分有吲哚、糞臭素（skatole）[*1]、硫化氫和胺。這些物質和屁的味道也有關係。吲哚在室溫下是會散發大便味道的固體物質。不過，稀釋成低濃度後會有芳香味，也是柳橙和茉莉花等多種花香的成分。實際上香水中用到的天然茉莉花油含有約2.5％的吲哚。香水或香料中都會用到合成吲哚。

糞臭素也是大便味道的來源之一，但同樣稀釋後就會有茉莉的香味，和吲哚同樣都會用在香水或香料中。

◎ 什麼是「宿便」？

一般所謂的宿便是指「沾附在腸壁上掉不下來的泥狀糞便」，不過實際上，卻不存在與這段敘述吻合的東西。這是因爲小腸和大腸的內壁（腸黏膜），會因新細胞的增長而代謝掉舊的細胞，同時會擠壓叫做絨毛的小突起的頂端，新細胞到達頂端的話就會脫落。腸黏膜每3～4天就會長出新的絨毛，因此糞便並不會沾附在腸壁上。用內視鏡無法確認沾附在腸壁上的糞便。

因此，一般人口中常提的「宿便」並不存在[*2]。即使斷食也會排便，不過這和排宿便不同。一般的糞便，包含食物沒有消化的部分、消化液、消化道上皮脫落的東西、腸道菌屍體等，斷食的話就只是缺少食物沒有消化的部分而已。另外，有種直腸內有糞便卻無法排便的少見的疾病——「糞便潰瘍」，這也和宿便不同。

*1「糞臭素」是來自希臘語中代表糞便的字首「skato-」。

*2 雖然如此，卻有許多關於宿便的資訊，從「汙染血液、妨礙消化吸收、產生毒素、疾病的源頭」到建議「去除宿便，讓肚子清爽」等類。也有健康食品、美容療法、腸道洗淨等服務。

◎ 用糞便形狀檢查健康

有個將糞便硬度、形狀等特徵分類爲七個階段的國際性標準，叫做布里斯托大便分類法（Bristol stool form scale），是英國布里斯托大學所研究出的檢查方法。

介於4～5間牙膏狀的糞便，是最健康的狀態。

像是兔子糞便顆粒狀的糞便，大多出現在神經質或常便秘的人身上。香蕉狀的糞便雖然是健康的狀態，如果水分不足就會便秘，也容易導致痔瘡。

因壓力、消化不良、攝取過多水分，糞便就會變軟。不過，突然排出細的糞便，有可能是直腸癌。大多沒有固定形狀的粥狀或液體狀是暫時的下痢情況。如果去好幾次廁所，或連續3天下痢，就有可能是食物中毒。

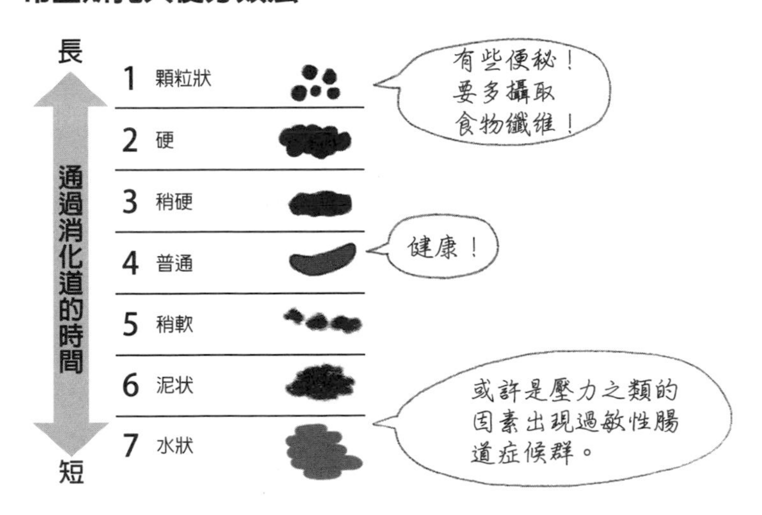

◎ 健康的糞便會浮在水上？還是沉下去？

以白米爲主食的日本飲食，基本上有豐富的食物纖維。日本飲食不需要考慮營養，也能均衡攝取到各種營養。主食的白米有碳水化合物，主菜的魚肉、豆腐有蛋白質和脂質，副菜的水煮青菜或沙拉則有微生物、礦物質、食物纖維等。

有了食物纖維，途中經過腹部，含有許多水分之後，糞便的體積會增加，除了會防止便秘，也會促進大腸蠕動，變得較容易排便。

物體會在水中浮起來或下沉，主要看物體密度大於或小於水的密度（1 g/cm^3）就能得知。比水的密度還大的物體在水中就會下沉；相反地，比水密度小的物體會浮起來。

只要過著以日本飲食爲中心的日子，均衡優良的飲食習慣，糞便的密度大概就是1.06 g/cm^3，只要密度比水稍大就好。話雖如此，差異實在太細微了，因此只要不會太用力地「噗通」，比起沉入水中的健康糞便，不如說是靜靜在漂浮在水上的糞便感覺就好。

如果是含有大量食物纖維、空氣或氣體的糞便，密度就會變小，浮在水面上。另外，由於脂質密度比水還小，脂質越多的糞便就會浮起來。因許多脂質而上浮的情況，就會在水的表面看到反射的油膜。不過，這是脂質沒有順利消化吸收的糞便，因此無法說這是健康的糞便。

另外，如果吃許多肉之類的蛋白質，糞便密度就會變大，容易沉入水中。

第 3 章
會製造「好吃食品」的微生物

20 「發酵」和「腐敗」有什麼不同？

2013 年，聯合國教科文組織（UNESCO）將「日本料理」註冊成無形文化遺產。日本料理的核心就是「發酵食品」，可以說日本人的飲食文化，和細菌一起發展至今。

◎ 日本有許多發酵食品

由日本一直以來的飲食習慣「三菜一湯」可知，一般認爲這種飲食不會攝取到動物性脂肪，對於長壽和防止肥胖有成效[*1]。

其中，能帶出豐富味道的主要原因之一，就是**透過發酵製作的各種調味料**；具體而言有味噌、醬油、味醂、醋、柴魚片、魚醬等種類，這些都是日本獨特的調味料，每一種都是**用黴菌或酵母製成的發酵食品**。

其他還有爲了一整年都能攝取到蔬菜而下工夫處理的醃漬類食品，也是發酵食品之一。醃菜是將蔬菜和食鹽一起醃製，經乳酸發酵後的食品，如果鹽分太少，乳酸菌以外的細菌也會繁殖，最後就會腐壞。

*1 三菜一湯指白飯、湯、三道菜（一道主菜、兩道小菜）所構成的料理。主菜大多是用生魚的生魚切片、烤物或三種菜燉煮所組成的料理。

◎ 發酵和腐敗的不同

因細菌活動，而製作出對人類飲食生活有用的東西，就叫做**發酵**。另一方面，如果製造出的東西有毒，不適合食用時，就叫做**腐敗**。

◎ 日本的細菌「米麴菌」

世界上許多地方都有發酵食品，不過像日本一樣這麼常食用發酵食品的國家卻不常見。日本發酵食品製作的源頭，就是**米麴菌（Aspergillus oryzae）**所製造出的**麴**。

說到黴菌，或許不會讓人產生好印象。的確，放久的麵包上長出的紅麵包黴，就會產生叫做黴菌毒素的黴菌毒，會引起中毒症狀，而綠色的青黴菌中也有會產生黴菌毒素的種類。

另一方面，在日本常用的米麴菌，不會產生有毒物質。**米麴菌會分解附著對象物的澱粉或蛋白質，邊分解糖或胺基酸同時成長**。妥善利用這種性質，就能製作出味噌、醬油、清酒等各式各樣的調味料或食品。米麴菌就像這樣，對日本傳統的飲食文化帶來非常深遠的影響。因此，日本釀造學會就將這種黴菌指定爲日本的「國菌」。

21 日本清酒的製法和啤酒、紅酒有什麼不同？

日本引以為傲的酒——日本清酒，受到全世界的愛戴。毫無雜質而清澈的酒，是微生物和人類共同譜出的和諧樂章。接下來，讓我們一探清酒的世界吧！

◎ 經過兩個階段發酵過程，釀造出美味的酒

釀造清酒最重要的就是麴。這種米麴菌是釀造味噌、醬油、日本酒所不可或缺的細菌。清酒的釀造過程叫做「一麴、二酒母、三釀造」，麴的優劣會大幅影響完成的清酒。

製麴時，首先用蒸過的米當作麴菌的種菌。從四處撒種菌的樣子，將這道工程稱作「散麴」。相對地，東南亞釀酒時用的是「餅麴」，會在結塊的蒸米中，加入數種麴菌和根黴（rhizopus）之後一起發酵。餅麴會和好幾種菌共生，不過在日本，只會使用一種麴菌繁殖。一般認為，這就是釀造出清澈又美味日本酒的秘密之一。

將這種麴放在名為「麴室」的特別房間內，並花費 2 天的時間待其繁殖。麴室的溫度是 30 度，濕度保持在 60%左右，這是麴菌容易繁殖的環境。由於麴完成的狀況會左右清酒的品質，因此釀造清酒時，會把經費花在麴室上。

接著進行的工程，就是製作加入「酒母」之酵母的液體。將麴和水混合時，會加入種酵母來增加酵母數量。這種液體叫做「酒母」，會放入麴、米一起發酵。過程中只會加入性質清楚且放在注射筒（小型的玻璃製容器）內的種酵母，花費心力以追求安定的釀造結果。

麴會讓米的澱粉分解成醣類，酵母會讓這種醣變成酒精，經過這種兩階段工程，就能釀造出清酒。啤酒是由麥芽糖，紅酒是由酵母直接將葡萄糖轉變成酒精。相比之下，日本酒可說是由獨特的釀造方法製作的。

清酒的釀造過程

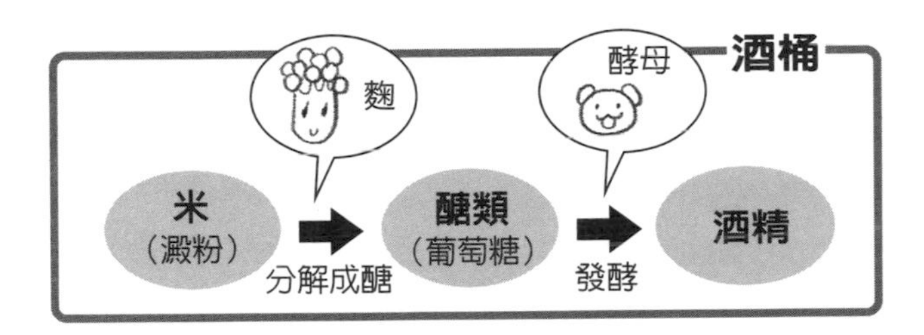

◎ 日本酒的歷史

日本酒的歷史相當古早，放在全世界中也可列入最古老的種類。最古老的日本酒是「口嚼酒」。**唾液中的澱粉酶會將澱粉轉化成醣，天然的酵母會將這種醣發酵成酒精**，神社等地供奉的就是這種酒。之後，用麴製成的酒在奈良時代登場。

一般認爲，雖然奈良時代（西元 710 ～ 794 年）的文獻才正式提到這種酒，或許在這之前就有用麴釀製的酒，在日本各地不斷嘗試錯誤，到了室町時代（西元 1336 ～ 1573 年），出現製麴的專家，優質的麴增加後就開始販賣了。

◎ 日本酒的種類

日本酒的種類，會因爲製作原料所使用的酒米的精米比例和有無添加酒精而改變。一般而言，精米比率越低，越沒有雜味，能夠釀造出味道細緻的酒。

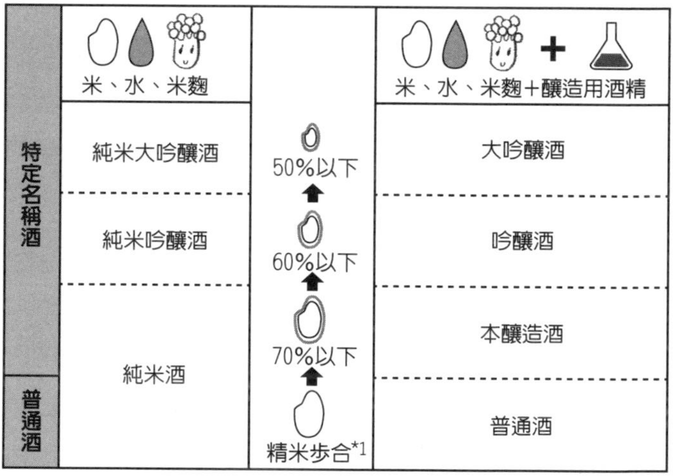

	米、水、米麴	精米步合*1	米、水、米麴＋釀造用酒精
特定名稱酒	純米大吟釀酒	50%以下	大吟釀酒
特定名稱酒	純米吟釀酒	60%以下	吟釀酒
特定名稱酒	純米酒	70%以下	本釀造酒
普通酒	純米酒		普通酒

*1 精米步合是日本清酒釀造的術語，指「磨過之後的白米，占原本玄米（糙米）的比重。」

22 黴菌和釀造美味的味噌有什麼關係？

味噌是日本餐桌上不可或缺的調味料，在各地有各式各樣的種類。不過，你知道味噌是黴菌製造的嗎？接著，讓我們一探味噌和黴菌間的關係吧！

◎ 全國各地的味噌

全國各地有各式各樣種類的味噌，不過大致上可分爲三種。

首先是在日本各地廣泛製造的**米味噌**。這種味噌，是將麴菌加入米中製成的米麴和大豆、鹽所製成。在各地有各種不同口味，如白味噌、紅味噌、甜味、辣味等。

第二種，是用豆製作的**豆味噌**，像愛知縣三河地區所製作的八丁味噌就很有名。這種味噌是直接將麴菌撒在大豆上製造出的豆麴，和大豆、鹽所製作，特徵是水分低，有濃厚的風味。

第三種，是九州地區、中國地區（山陰山陽地區）西部、部分四國地區所盛行的**麥味噌**，這是用麥製作的麥麴和大豆、鹽所製作出的味噌。麥味噌是顏色淡、有甜味的味噌。

其他還有許多種類奇特的味噌。味噌在不同的地區，有不同種類的做法，就算是同樣的工程，只要地區有所改變，味道、香氣就會有所不同。以前每個家庭都會有獨創的味噌，會展示自己家所製作的味噌，因此現在也有「手前味噌」的詞留下來。（譯註：日文中，手前有功夫、技巧的意思。而手前味噌就是自家製的味噌有獨特味道而自豪的意思。）[*1]。

*1 有一說是以前沒有冰箱，食物有時難以保存，因此會放入過多鹽分，但其實並不好吃。

◎ 美味味噌的做法

要如何製造味噌呢？讓我們來一看米味噌的製造方法吧。

製造味噌，首先要從米麴開始做起。在日文中，麴也寫作「糀」，是日本獨特的漢字，這是從完成的麴就像米開花了一樣所創造出的漢字。將品質好的米拿去蒸，做出叫做種菌的麴菌。將加入麴菌的米放置 48 小時後，讓麴菌繁殖形成麴，這個時候用到的麴菌叫做黃麴菌，是屬於米麴菌（Aspergillus oryzae）種類的黴菌。

接著要煮大豆。將煮好的大豆搗碎，增加接觸面積。加熱後，將適當比例的米麴、大豆、鹽加入容器內醃製，盡可能不要有空氣，會藉由雙腳大力踩踏來將原料押入容器內。透過不讓空氣跑進去，抑制了細菌的活動，讓麴菌、乳酸菌、酵母能夠產生作用是重要的作業。

像這樣放入容器內醃製的味噌原料，會緩慢地熟成，釀造出獨特的顏色、味道和香氣，成爲美味的味噌。

◎ 白味噌和紅味增

味噌分爲「白味噌」和「紅味噌」，兩者不同之處在於製程。**白味噌是將大豆煮熟後與湯汁分離，另一方面，紅味噌在蒸過大豆後會使用所有大豆**。

味噌的褐色部分是大豆成分經化學反應後形成，根據不同的製程，會造成成分上的差異，出現不同顏色。熟成的時間也很重要，時間越長顏色會越深，變成紅味噌。

◎ 味噌的風味

味噌的原料大豆擁有豐富的蛋白質，同時也含有許多澱粉。麴菌所含有的酵素會讓蛋白質分解成**胺基酸**，澱粉分解成**醣類**。**胺基酸是鮮味的基礎，醣類會成為甜味的基礎**。

另外，製程中加入的耐鹽性酵母或耐鹽性乳酸菌的作用，也會形成酒精或乳酸，這些物質也會產生獨特的風味。乳酸恰到好處的酸味會抑制其他細菌的繁殖，防止味噌腐敗。

◎ 味噌和健康

根據這幾年的研究得知，味噌有抑制發炎的作用，有預防糖尿病、高血壓的效用[*2]。另外，味噌湯的特徵就是鹽分比起其他食品還少。只要將蔬菜之類不含（或少量）鹽分的佐料加入味噌湯，湯的分量就會變少，鹽分的攝取量也會更加降低。

*2 實驗分成每天喝味噌湯的群體，和不喝味噌湯的群體，這些人的身體狀況出現差異，研究結果顯示，喝味噌湯的人，較不容易罹患癌症、糖尿病、高血壓。

23 淡口醬油的鹽分濃度最高？

支撐日本飲食文化的醬油，同樣也是微生物製造出來的；這也是用好幾種微生物，經過好幾個階段讓這些微生物作用，可說是日本獨特的製程。

◎ 首先要製麴

製造醬油時，一開始會先將主原料的「大豆」和「小麥」植入米麴菌。米麴菌會分解許多物質，如蒸過大豆主成分的蛋白質，產生胺基酸，也會將小麥主成分的澱粉分解成醣類。

製麴是整個製程中最爲重要的步驟。植入麴菌一陣子之後，麴菌就會成長，菌絲會伸長。接著爲了注入空氣，會進行「攪拌」、分開的步驟。

◎ 發酵

醬油麴完成後，會加入冷卻的食鹽水。麴和食鹽水混合的液體叫做「醬醪」，醬醪會在槽內冷卻、熟成。此時活躍的就是乳酸菌。藉由乳酸發酵，醬醪會偏酸性，這麼一來，就會形成其他細菌難以作用的環境。

接著會加入酵母，酵母會將小麥分解過後的醣類分解，製造出酒精。這種酒精會和很活躍的乳酸菌所產生的各種有機酸反應，釀造出醬油多層次的香氣和鮮味。藉由酵母扎實地發揮作用，醬油味道也會變濃。因此熟成的期間越長，醬油會有更濃厚的味道。

◎ 壓榨醬醪

終於要壓榨完全熟成的醬醪了。將醬醪放在木框內的布上，重疊好幾層，重量會將醬醪的液體成分壓榨而出。依本身重量無法壓榨的成分，會因外界的壓力壓縮，完全被壓榨出，這就是生醬油。壓榨出的固體部分叫做醬油粕，會當作家畜的飼料使用。

◎ 加熱

生醬油中有許多活著的微生物。短期間內雖然不會有問題，但如果放著不管，微生物群就會逐漸改變生醬油的風味。因此，會進行瞬間高溫殺菌或各種調整。大多情況會進行過濾，裝瓶後，能作爲商品的醬油就完成了。

◎ 醬油的種類

醬油大致上分成五種。讀者應該都有在旅行時，看到自己不常見的醬油而大吃一驚的經驗吧？讓我們來確認各種醬油的特徵吧！

▼濃口醬油

占日本全國八成以上的一般醬油，可說是日本醬油的代表。

▼淡口醬油

使用較多食鹽發酵的清淡醬油。由於顏色較淡，主要用在讓食材增色的料理上，從關西地區的料理發展而來。
並非味道淡的意思，鹽分濃度也很高是其特徵。

▼溜醬油

中部地區釀製的深色醬油，有獨特的濃稠度，擁有濃厚的鮮味和獨特的香氣。

▼再發酵醬油

山陰地區或九州北部所使用的醬油，有強烈的味道和香氣。由於做法和用食鹽水讓麴發酵的其他醬油不同，在這個階段已經用生醬油發酵，因此叫做再發酵醬油。

▼白醬油

顏色比淡口醬油更淡，琥珀色的醬油，很甜、有獨特的香氣。

話說回來，應該有不少人很在意醬油的鹽分吧。食鹽含鹽量最高的是淡口醬油的18%、濃口醬油是16%、減鹽醬油是9%。料理時能夠巧妙地區分使用就好了。

24 麵包和鬆餅有什麼不同？

麵包和鬆餅都是用小麥粉烤出來的，不過鬆餅明明能夠馬上烤好，做麵包卻相當費時，兩者到底有什麼不同呢？

◎ 從原料看兩者的不同

將剛烤好軟綿綿的麵包和鬆餅切開後，切面會看到海綿狀。這種縫隙到底是如何形成的呢？首先，讓我們來看雙方的材料吧。

麵包：小麥粉、水、砂糖、乾酵母粉
鬆餅：小麥粉、牛奶、砂糖、雞蛋、泡打粉

兩者最大的差異，就是乾酵母粉和泡打粉。**乾酵母粉**是讓微生物酵母菌乾燥後休眠的粉末；另一方面，泡打粉主要的材料是碳酸氫鈉（小蘇打）和酸性劑（酒石酸之類）。

◎ 鬆餅會膨脹的原因

鬆餅的做法很簡單：把所有的材料混在一起，倒入平底鍋內，用中火加熱即可；接著麵團就會逐漸膨脹，只要翻面再煎一下就完成了。麵團中的碳酸氫鈉和酒石酸反應會產生二氧化碳，因此會使得麵團鬆軟。

◎ 麵包會膨脹的原因

添加酵母的麵包，在烤之前會經過發酵的階段。

酵母會使麵包發酵。酵母會將麵團中的醣類當作營養消耗，並且分解。此時就會產生二氧化碳和酒精。

酵母會在最容易活動的 30～40 度的環境下進行發酵。大多情況下，經過兩次發酵後，終於可以將麵團烤成麵包了。

放進烤爐的麵團，經高溫烤過，會更加膨脹大個 1、2 圈。這是因爲麵團中形成的二氧化碳的氣泡因加熱膨脹的緣故。

將水加入小麥粉混合之後，小麥粉中含有的穀膠蛋白（gliadin）和麥蛋白（glutenin）這兩種蛋白質，麵糰就會逐漸變成兼具黏性和彈性的物質（麩質[*1]）（不同的混合方法，能做成麵包、烏龍麵、蛋糕、麩等產品）。

酵母產生的二氧化碳氣泡，會因麩質的黏性而保持，不會被擠壓破裂。烤麵包時，使用強力粉即小麥粉，是因爲更多的麩質可維持這種空隙。

如果超過最容易活動的溫度，到了 60 度左右，屬於生物的酵母就會無法活動。若烤窯中超過 100 度，所有的酵母就會被燒死。

*1 由於有種疾病是麩質導致的身體不適，因此這幾年「無麩質」的食材蔚爲話題。如果懷疑是這種疾病，還是必須去看醫生；若並非這種情況而避免麩質在科學上毫無意義，反而有導致營養不良的危險。

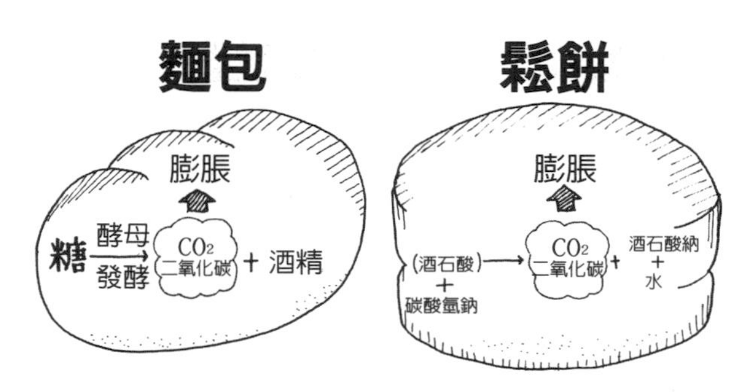

材料和做法不同（但同樣都用二氧化碳膨脹）

◎ 天然酵母和乾酵母粉

最近常看到用天然酵母做的麵包。這種天然酵母到底是什麼東西呢？其實酵母並非生物的分類名稱。擁有細胞核的微生物中，不會運動的生物統稱爲酵母。

而所謂的乾酵母粉，就是將這種酵母在工業上單純培養、乾燥後製成的東西。

「天然酵母」，如葡萄之類的果實周圍就沾有許多酵母。由於沒有純種培養的酵母，溫度管理上並不容易，和乾酵母粉相比的話，發酵能力也比較弱，必須要費心照料。相對地，由於也能醞釀出獨特的風味，受到不少人青睞。

25 啤酒的氣泡是微生物在吐氣嗎？

有許多人對啤酒的氣泡很講究吧？氣泡的成分，和其他氣泡飲料同樣都是二氧化碳。這種氣泡到底是如何形成，為什麼經過長時間也不會消失呢？

◎ 啤酒的成分

啤酒是由麥芽、啤酒花、米、玉米澱粉製造的。那麼，用這些原料要如何釀造啤酒呢？讓我們來一探製程吧！

① 首先讓大麥發芽，製作麥芽。之後讓大麥乾燥，停止它的成長，去除根的部分就叫做麥芽。

② 搗碎麥芽後，和米、玉米澱粉一起煮，接著麥芽會分解澱粉，變成麥芽糖。之後，將啤酒花加入這個液體後倒入槽內。這個階段叫做大麥汁。

③ 將啤酒酵母加入大麥汁，放置 1 週左右。酵母會將麥芽糖當作養分，旺盛活動排出二氧化碳，逐漸變成酒精；將這些液體過濾後裝瓶的飲料，就是啤酒。

說到啤酒酵母，其作用並不單純。在製造過程中，啤酒表面活動旺盛的上層發酵酵母（又稱液面酵母），以及最後的最後在啤酒底部活躍的底層發酵酵母（又稱液底酵母），這些作用的平衡會誕生出啤酒的風味 [*1]。

◎ 氣泡的真面目

我們已經知道，啤酒的氣泡是酵母活動後產生的物質，是二氧化碳。

問題在於，這種氣泡並不會馬上消失。同樣藉由酵母呼吸而產生二氧化碳的飲料，還有香檳或有氣泡的日本酒。話說回來，爲什麼啤酒的氣泡經過那麼長的時間都不會消失呢？原因在於啤酒的成分。

一般認爲，含有麥芽的蛋白質，會和啤酒花中含有的樹脂成分異葎草酮（isohumulone）結合，形成比較強的氣泡。的確，如果只舔舔看喝剩啤酒中的氣泡，能感受到強烈的苦味。啤酒的氣泡會聚集苦味的成分。

氣泡會將啤酒和空氣分離。這麼一來，不是只有外表的問題，在氣泡消失之前，啤酒就能維持原本的美味。

◎ 美味的暢飲法

將啤酒冷卻到5～8度，邊享用氣泡，邊豪爽地品嚐。由於啤酒遇到油脂氣泡就會消失，記得要將玻璃杯洗乾淨，去除油脂喔。

*1 酵母不只造成酒精發酵，其新陳代謝的作用還會影響啤酒的風味，因此酵母也被稱爲啤酒的靈魂。（資料來源：〈探尋啤酒發酵的秘密——釀酒酵母初識〉、〈影響啤酒風味的四大原料〉）

26 葡萄酒是怎麼釀造的？

不加水，只用葡萄釀造的酒叫做葡萄酒。葡萄的品種和製程，會決定顏色、風味的不同，讓我們一探葡萄酒的製程吧！

◎ 白酒和紅酒

帶有透明感的白酒，是將去除果皮和種子的葡萄果汁發酵、釀造而成；另一方面，紅酒是將有紫黑色葡萄的果皮、種子磨碎後發酵。果皮會釋放紅色色素，種子會釋放有苦味成分的鞣酸（tannin），這些物質會形成顏色或澀味。

桃紅酒（Rose）的做法是在紅酒釀造過程中，將果皮去除；另一種做法是，連同黑葡萄的果皮一起榨取，直到形成適當的顏色後再釀造。以上每一種酒都是用葡萄汁製作。

◎ 酵母也會在這裡工作

紅酒是在葡萄汁內加入酵母製作。最活躍的是叫做釀酒酵母（saccharomyces cerevisiae）的酵母，會以葡萄酒的醣類爲基礎製造出乙醇或各式各樣的成分。

酒精不只有乙醇。一般認爲，**酵母以葡萄汁為基礎，能製造出 20 種以上的酒精**。另外，應用不同酵母，引出香氣和鞣酸的澀味也會改變，也就是說紅酒的品質取決於葡萄和酵母。

◎ 酵母的種類

和麵包一樣，在葡萄酒業界也會爭論「天然酵母比較好，還是培養酵母比較好」。天然酵母指應用沾附在葡萄果皮上的菌類，不過這麼做，除了製造出人們預期的乙醇，有時也會有其他的作用。爲了避免這種事發生，要配合目的而培養酵母。

現在爲了避免失敗，釀造出預期中的葡萄酒，越來越多人會應用培養酵母，也出現基因改造的酵母，變得能夠在短期間極有效率地釀造出葡萄酒。

◎ 高級的「貴腐酒」

在天氣和葡萄熟成度等條件一致時，繁殖葡萄果皮上灰葡萄孢菌（Botrytis cinerea）種類的黴菌，這種黴菌叫做**貴腐黴**，原本會分解覆蓋在葡萄果皮表面的蠟。

接著，果實的水分會蒸發，糖分濃縮後形成獨特的風味。將這種果汁發酵，以甜味聞名的就是貴腐酒。

許多葡萄酒的成分表上，都有標示亞硝酸鹽。亞硝酸鹽會抑制葡萄酒的酸化，有抑制損害品質的微生物繁殖的作用[*1]。

*1 譬如，根據歐洲各國的調查生食牡蠣時飲用葡萄酒的習慣，結果顯示，葡萄酒會減少生牡蠣中造成食物中毒的細菌。

27 從甜點到尖端技術都能做出醋酸菌？

做醋飯時，需要用的調味料就是醋，海外其他國家料理時也同樣會應用到醋。這種調味料到底是如何製作出來的？

◎ 什麼是做醋的醋酸菌？

雖然不同的國家都會使用醋，每種醋都有共通點，那就是又酸又刺鼻的獨特氣味，主成分是醋酸。

醋的原料主要是穀物和水果，會用酵母發酵穀物和果實。接著，會形成和釀造啤酒、葡萄酒時同樣含有乙醇的液體，也就是酒。

釀造醋時，會將**醋酸菌**加入這種酒中。醋酸菌會讓乙醇酸化，製造出醋酸。醋酸菌比較喜歡酸性的環境，會旺盛地活動。

在自然界中有許多醋酸菌，比較常見的，是放入酒精度數低的酒裡面，讓醋酸菌分解的例子。酒的表面會形成醋酸菌的膜，難得的酒也會慢慢地變成醋。

醋酸菌是**好氧菌**，如果一直持續接觸空氣，就會更有效率地不斷繁殖，產生大量的醋酸。

◎ 葡萄酒醋

就像讓醋酸菌分解度數低的酒一樣，代表的例子就是用葡萄酒製作出的葡萄酒醋（當作醋使用的葡萄果汁）。

相較之下，很久以前的人們就曉得葡萄酒會隨著時間慢慢地變成醋，因此會將比較淡的葡萄酒放入瓶中做成醋，或者開發出將葡萄酒滴落在附著醋酸菌的濾網，有效率地變成醋的方法。這就是廣泛使用的葡萄酒醋由來。其中，花費特別長時間熟成的，就是義大利香醋。

◎ 醋酸菌做出的另一種食材

醋酸菌能夠做出叫做纖維素的纖維。譬如椰果就是醋酸菌從椰子果實中的椰子汁所製造出的食物，有葡萄糖之類的鏈狀結構長長地連成一串。纖維形成縝密的繩網結購，產生Q彈的口感。

像醋酸菌之類的細菌所做出的纖維素，由於纖維是由細緻的網絡形成，因此強度非常高，也有很高的生物分解性，會應用在音響震動板、人工血管、創傷人工皮、防曬產品等各種材料上。醋酸菌能製造出甜點到尖端技術中的各種物品。

28 柴魚乾醞釀出的香味多虧了微生物？

要做出一條柴魚乾，需要花費數個月的時間，最重要的就是發黴的步驟，重複多次這道過程，就能完成鮮味豐富的「本枯節」。

◎ 完成柴魚乾的過程

柴魚乾的「節」（譯註：柴魚乾的日文寫作カツオ節），是將魚肉煮過、烘乾（加熱、乾燥）後的意思。日本自古以來，就會將捕獲的魚做成「節」以便保存。柴魚乾是經過以下複雜的過程製作的：

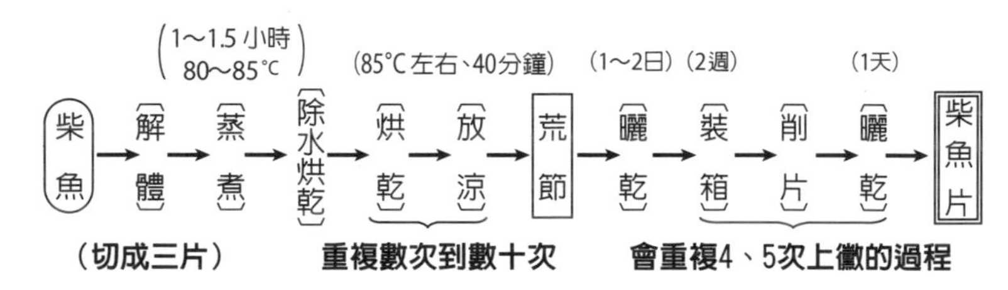

柴魚乾的製程　出處：村尾澤夫《生活和微生物　修訂版》第 59 頁，培風館出版（1991 年）

◎ 在柴魚乾上拼命工作的黴菌

製造的過程中最重要的就是上黴菌。上過黴菌的柴魚，在日文中叫做「枯節」，而上過四次黴菌，柴魚的水分降到 18% 以下的就是「本枯節」。會用到的黴菌（柴魚黴）是麴菌的同伴，會如下所述做著重要的工作。

▼ 1. 逐漸去除水分

柴魚乾能夠長期保存，是因爲乾燥過。透過烘乾，將水分維持在20～22％，但只有這樣還是會腐壞，無法長期保存。上黴時，由於表面的黴菌繁殖時需要水分，魚乾中的水分會慢慢被吸收，變得能夠長期保存。

▼ 2. 去除多餘的脂肪

柴魚乾所熬出的「高湯」中不會有油脂。柴魚身上雖然有大量的油脂（脂質），不過柴魚乾會產生一種叫做脂酶的酵素，將脂質分解成脂肪酸，脂肪酸會應用在養黴菌上。

▼ 3. 防止脂質酸化

柴魚乾含有許多高度不飽和脂肪酸，其中二十二碳六烯酸（DHA）占所有脂質的25％以上。不過，上過黴菌的柴魚乾，即使長期保存，也不會因酸化而使得品質劣化。這是因爲柴魚黴菌分解脂質的時候，就已經產生抗氧化物質了。

▼ 4. 做出獨特的香味

用柴魚乾高湯煮出的料理那麼美味，是因爲有鮮味，形成複雜且有深度的香味。雖然剛削下的柴魚片有著驚人的香氣，據說成分包含400種以上物質。柴魚的香氣是由熬煮時梅納反應*1（Maillard reaction）形成的香味，加上烘乾時的薰香，以及上黴時所產生的柴魚乾特有的香味。

*1 梅納反應指將糖和胺基酸加熱時形成褐色物質的反應，會出現擁有特別香氣的物質。烤土司所產生的焦黑，也是因爲梅納反應。

29 優格為什麼會有酸味和黏性？

優格是乳酸菌發酵牛奶的產物。根據牛奶和乳酸菌的不同，世界上有各式各樣的優格，也有他們與健康有關的研究。

◎ 乳酸菌是什麼微生物？

乳酸菌是**為了獲得生存下去的能量而發酵碳水化合物，在過程中會產生乳酸的細菌**。雖然有許多會生成乳酸的細菌，從消耗的碳水化合物中產生 50％以上乳酸的細菌，就叫做乳酸菌，有桿菌、雙球菌、鏈球菌等各式各樣種類的乳酸菌（關於細菌型態的分類，請參考本書第 191 頁）。

乳酸菌除了製作優格，還能夠製造各種不同的食品，譬如發酵奶油、（熟成）起司、Narezushi（譯註：將鹽和米飯乳酸發酵魚的食品。）、醃菜、味噌、醬油等。乳酸菌的這種作用叫做**發酵**。

不過，釀造日本酒的時候，如果乳酸菌繁殖的速度太快的話，會在「火落」（譯註：日本酒製程中的用語，指因火落菌引起儲藏中的日本酒白濁、**腐敗**，因此會有殺菌的製程來避免此情況發生）時造成嚴重的品質劣化，這種情況就會變成腐敗。

◎ 如何製造優格？

製造優格時，會將培養的乳酸菌加入加熱殺菌後的牛奶（在日本都用牛奶，不過世界各地也有地區會用山羊奶、羊奶、馬奶等），在適當溫度下進行發酵。乳酸菌繁殖時，會產生清爽的酸味，而酸會使得乳蛋白凝固，形成布丁狀。

優格獨特的味道，是叫做保加利亞桿菌（L. bulgaricus）的乳酸菌所產生的乙醛（acetaldehyde）發出的味道。發酵後酸性越來越強的話，會造成食物中毒的細菌之類的有害微生物就無法繁殖，能夠提高優格的安全性和保存性。

許多日本人有乳糖不耐症，無法分解牛奶成分中的乳糖，因此喝完牛奶後肚子會不舒服，不過由於在發酵的過程會將乳糖分解，因此有乳糖不耐症的人也可以吃優格。

◎ 裏海優格的「黏性」是如何產生的？

「裏海優格」是裏海和黑海附近高加索地區所帶來的細菌製作的優格。

一般而言，乳酸菌要能夠旺盛地活動需要40度左右的溫度，不過做出裏海優格的乳酸菌，比這個溫度還低的低溫（20～30度）環境就能輕易繁殖。

另外，裏海優格的特徵是「黏性」，是由叫做乳酸乳球菌乳脂亞種(Lactococcus lactis subsp. Cremoris)的細菌產生。這種細菌會產生許多單醣類結合在一起的多醣類（稱作細胞外聚合物，EPS），產生明膠般黏稠的口感。

30 發酵奶油並不是讓奶油發酵？

來到超市的奶油櫃，除了一般的奶油，還可以看到無鹽奶油和發酵奶油，這些奶油到底有什麼不同呢？

◎ 說起來，奶油到底是什麼？

奶油的原料是牛奶。牛奶含有乳脂肪成分，市面上一般販售的牛奶，爲了維持一定的口味，會經過將乳脂肪成分搗碎的均質化（homogenize）工程後才得以販賣；成爲細碎顆粒的乳脂肪成分，彼此不會結合，而是會在牛奶中一直保持浮游狀態。

另一方面，用來做奶油的原料牛奶，不會進行搗碎脂肪顆粒的處理（不進行均質），裡面包含許多尺寸的乳脂肪顆粒。製作奶油時，會不斷搖晃冷卻後的牛奶，接著乳脂肪成分的粒子就會合而爲一，變成大顆的粒子，最後會成爲大塊的脂肪成分，這就是奶油。

把食鹽加入像這樣做好的脂肪塊後，就是市面上常見的奶油，如果沒有加入食鹽，就是無鹽奶油。

◎ 發酵奶油

高級奶油會以發酵奶油的形式販售。發酵奶油是如何製作的呢？過去曾因發現很久以前的奶油而蔚爲話題。其實，歐洲自古就一直有在用奶油了。

在沒有冰箱的時代，沒有安定地保存牛奶的方法。牛奶放置一段時間後，就會因乳酸菌發酵。把這種發酵的牛奶當作原料製作的，就是「發酵奶油」。

因此，發酵奶油並非是用一般的奶油發酵製作的[*1]。

歐美用奶油的歷史很悠久，現在的主流也是發酵奶油。和一般的奶油不同，因發酵產生的各種物質，可以帶出獨特的風味，最近在日本，人氣也扶搖直上。

◎ 自己做發酵奶油

持續搖晃冷卻的生奶油或無均質牛奶，乳脂肪成分就會凝固，就會形成奶油。若要自己動手做，首先要在牛奶內加入乳酸菌，短時間（最長頂多 8 小時左右）內發酵，成爲酸奶油（sour cream）的狀態，接著將這個狀態的奶油當作原料，就像製作奶油一般不斷地搖晃後，就能完成發酵奶油了。

奶油是牛奶的脂肪成分濃縮製作的。除了脂肪，據説人體經常缺乏的維生素 A，也是牛奶的 10 倍以上。

*1　雖然奶油主要的成分是脂肪，但並不會發酵。

31 市面上各式各樣的起司有什麼不同？

起司主要由牛奶製作，最有名的地方就是藉由微生物的作用製成的。不過起司的種類非常多，據說全世界共有超過 1000 種以上的起司。

◎ 用動物內臟做起司？

一般認爲，將新鮮的動物奶作爲加工食品變成起司的歷史，可以回溯到史前時代，有極高的可能是在把動物當成家畜以前的時代。在把動物內臟當作「袋子（容器）」使用時，偶然發現成型的起司，是現在的定論。

動物的內臟到底有什麼成分呢？實際上，牛或羊的小時候，爲了消化母乳，會分泌各種不同的**酵素**。這種酵素叫做**凝乳酶 (rennet)**。在搬運牛奶放入殘留這些酵素的內臟的途中，或許就這樣製作出起司了。

現在同樣也爲了做出高級的起司，會應用小牛產生的凝乳酶，不過大多都使用替代品，這種替代品叫做「微生物凝乳酶」，是黴菌的產物。凝乳酶會將牛奶中叫做駱蛋白（casein）的蛋白質凝集，成爲起司的源頭。

◎ 天然起司

莫札瑞拉起司之類的**天然起司**，是牛奶中叫做駱蛋白的蛋白質凝集而成的。

牛奶中，除了蛋白質以外還有各種物質。乳蛋白會因凝乳酶、醋、檸檬汁等物質凝固。把這些物質放入加熱後的牛奶，蛋白質就會凝集，形成「凝乳」(curd)。名爲乳清的未凝固液體部分，會漂浮著凝乳；將凝乳的部分凝固後形成的物質，就是未發酵起司。

◎ 白黴起司

卡門貝爾起司（camembert）之類的知名起司，表面會長黴菌。這種起司的黴菌是青黴菌的同伴。黴菌一旦勢力增強，就會逐漸分解起司內側，產生像是氨的味道。黴菌生成的狀態是**白黴起司**，能吃時會有標示，可以留意看看。就算是白黴起司，由罐頭密封的種類，黴菌已經死去，因此不會繼續發酵。

◎ 藍起司

古岡左拉起司（Gorgonzola）之類的有名藍起司，同樣也用到了青黴菌。做法是將青黴菌植入整個起司，讓起司熟成。由於黴菌成長時需要空氣，凝乳不會被壓縮、凝固，擁有許多空氣的狀態正是藍起司的特徵。

◎ 加工起司

除了到目前爲止說明的代表性起司，其他還有各式各樣的起司，而一般在市面上流通的起司，大多都是加工起司。

加工起司指將各種不同種類的天然起司混合、加熱、融化，之後冷卻的起司。由於黴菌和細菌已經死亡，不會繼續熟成，適合長時間保存。

相對地，透過發酵製作，放置著繼續發酵的「活著的起司」，就叫做天然起司。

話說回來，據說要製作 100 公克的起司，需要 1000 公克的牛奶。也就是說，起司是直接濃縮牛奶的有效成分而成的食品。相對地，也有高鹽分濃度的起司，如果在意鹽分，可以選擇鹽分較少的奶油起司之類的天然起司。

32 醃菜是保存蔬菜的智慧？

如果吃飯時有美味又色彩豐富的醃菜配著，就會胃口大開呢！這種醃菜的美味之處，大多也和微生物息息相關。接著，讓我們一探微生物和醃菜之間的關係吧！

◎ 防止腐壞的智慧

醃製食品是將小黃瓜、茄子、野澤菜（又稱日本芥菜）、紅蕪菁等蔬菜類或魚貝類，和食鹽、酒糟、醋、米糠等一起醃製，放置一定的期間後，再取出來吃的食品。

在日本各地，有著許多代表當地的醃菜，例如醃紅蕪菁、奈良漬、千枚漬、醃野澤菜、柴漬、澤庵漬、壺漬、福神漬等都是一般代表性的醃菜。

醃菜有醃製後味道出來馬上就能吃的類型，以及花費1個月到半年左右熟成後再吃的類型。馬上就可食用的醃菜不會發酵，另一方面，需要熟成的食物大多都會發酵，**微生物產生的酸有防止蔬菜腐壞的作用**。

以醃野澤菜（芥菜類，口感類似油菜）的方法爲例，讓我們看醃菜的做法吧！在秋天結束時，將新鮮的野澤菜放入甕裡醃製。首先，將野澤菜和大量食鹽交互重疊，最後在最上方施加重量，之後放置1～2天，滲透壓會使野澤菜出水。

剛醃製的野澤菜是鮮艷的綠色，味道也很簡單，不過放置3個月左右，顏色就會變成有點黃，並且多了酸味和鮮味，變成複雜的味道。

醃製的野澤菜，能夠吃上半年左右的時間。許多食品如果不醃製就會腐壞，這種情況就不能吃，不過只要醃製，就能夠防止腐壞。

◎ 少見的醃菜

醃製食品中，也有完全不用鹽製作的類型，那就是長野縣木曾地區流傳的醃菜「すんき漬け (Sunkizuke)」。

將十字花科的葉子放入甕裡醃製時，同時將乾燥的 Sunkizuke 一起醃製，就是 Sunkizuke。一般認爲，這是像一種啓動劑的作用，能提升醃菜酸性，抑制細菌繁殖，以幫助乳酸菌的繁殖。

◎ 產生醃菜味道的微生物

伴隨發酵的醃菜中，到底有什麼微生物參與其中呢？

醃米糠時常見的就是乳酸菌。雖然乳酸菌有許多種，不過這種時候主要是**會分解植物成分的乳酸菌**。

處理好醃菜後，暫時會有許多細菌不斷繁殖。乳酸菌中叫做乳酸球菌的細菌也會一起增加，不過隨著時間經過，醃菜的酸度提升後，許多細菌會慢慢減少。相對地，乳酸桿菌種類的乳酸菌和酵母菌就會增加。

乳酸菌增加的話，酸味也會增加，蔬菜原本的味道會轉變爲不同的風味。**蔬菜擁有的澱粉和蛋白質，也會因微生物的作用分解，變成醣或胺基酸**。這就是鮮味的基本要素。

◎ 醃菜和健康

一般認爲，因乳酸菌作用而製作出的醃菜對身體有益。有這種認知，是從乳酸菌進入體內後，能夠維持腸道細菌群的平衡，不過實際上，醃菜的量應該沒什麼影響。

比起這一點，攝取越多醃菜，越有可能攝取過多鹽分。無論是什麼食品，能夠均衡攝取，才是對健康最有益的吧！

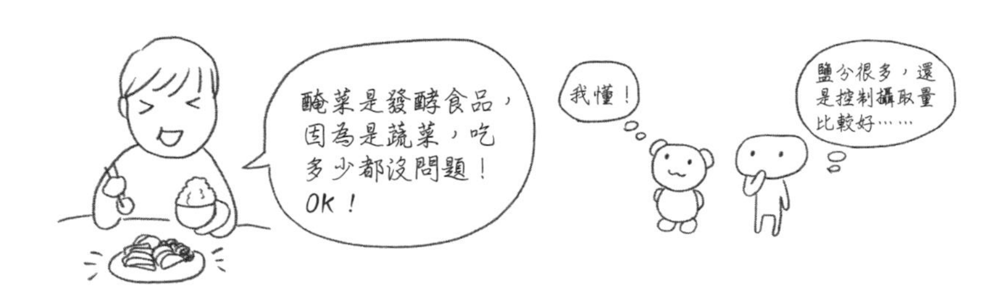

33 美味的泡菜是乳酸菌醃製的嗎？

一般說到最具代表性的韓式料理，就是以辣為特徵的韓式泡菜了。韓式泡菜原本是為了寒冬缺乏蔬菜時所保存的儲備食品。製作韓式泡菜時，最活躍的就是乳酸菌。

◎ 冬天的保存食品

韓式泡菜原本是朝鮮半島冬季缺乏蔬菜而儲備保存的食品。

一般提到韓式泡菜，都會想到以辣椒爲主再加上白菜的醃菜，不過不只有白菜，也有使用小黃瓜的黃瓜泡菜，以及使用白蘿蔔的蘿蔔泡菜。

◎ 藉由乳酸發酵製作

那麼，就讓我們來看應用最具代表性的白菜所製作的韓式泡菜的做法吧。

在醃製白菜前，先用水洗過，但此時還是有許多細菌沾附在上面，此時就輪到乳酸菌上場了。乳酸菌活動時會產生乳酸，使得醃製的水變成酸性。接著，其他細菌變得不易繁殖，而從白菜含有的物質，會產生出各式各樣的維生素。

原本韓式泡菜都是在寒冷的季節製作的，這一點也關係到乳酸菌的活動。

*1 氣溫下降，乳酸菌就有優勢：一旦氣溫升高，就換醋酸菌占據優勢。

不過溫度一旦提升，醋酸菌就會開始活動，進行醋酸的發酵[*1]。韓式泡菜會逐漸變酸，就是這個緣故。一旦變成這種狀態，乳酸菌就會死去，味道和營養價值就會下降。

◎ 使用魚醬和鹽辛

做韓式泡菜時，會用到魚醬和鹽辛（譯註：將魚貝類的肉或內臟醃製，因高濃度的食鹽而易保存的發酵食品）。

魚醬是將新鮮的魚加入鹽後發酵的調味料。魚內臟本身含有的酵素會分解蛋白質，產生鮮味成分的麩胺酸（glutamic acid）之類的胺基酸，變得黏稠。過濾之後就是魚醬。在日本，用鰰魚製造的魚醬「鹽魚汁」很有名。

在韓國，較常見用日本鯷或玉筋魚製作的魚醬，這種魚醬含有的動物性蛋白質，會讓韓式泡菜產生獨特的多層次味道。當然，醃菜是反映出家庭味道的一種食品，根據不同的做法，也會加入如糠蝦（小型的甲殼類）或烏賊等海鮮。這些動物性蛋白質也會因發酵而分解，讓鮮味成分產生變化。

雖然韓式泡菜因身爲優良的保存食品而給人強烈印象，不過和其他醃菜相比，並不能特別長期保存。如果想要追求韓式泡菜本身的味道，就要保存在冰箱，盡早食用才最好。

34 納豆的味道和黏性怎麼來的？

製作美味的傳統食品納豆的納豆菌，一遇到惡劣的環境，為了生存，就會變身成胞子；成為胞子的納豆菌，在超過 100 度以上的高溫也能存活。

◎ 土壤中枯草桿菌的同伴

日本傳統的發酵食品牽絲納豆（以下稱納豆），過去是將煮過的大豆放入稻稈苞內保存，藉由不安定的自然發酵形成。因此，經常發生有些稻稈苞順利發酵，別種稻稈苞失敗的情況。1884年，從納豆中分離出桿菌（圓筒狀的細菌），取名爲納豆菌（Bacillus natto）。納豆菌與住在土壤中的枯草桿菌是同伴。

納豆的品質，因使用發酵菌元（starter，爲了開始發酵而加入的微生物）而安定。市面上販售的發酵菌元，是將納豆菌的胞子溶於蒸餾水後分散的物質。

◎ 施加嚴苛的壓力，就會產生胞子

包括納豆菌在內，微生物在經歷各種變化的環境中生存下來。微生物爲了生存，在危險的環境中保護自己身體，擁有在惡劣環境條件中也能活下來的基因，形成胞子的基因也是其中之一。

雖然如果納豆菌周圍的營養源流失，許多細菌就會死去，但納豆菌本身會變身成為胞子。胞子被堅固的成分芽胞殼（spore coat）所包覆，對高溫、乾燥、放射線等物理性刺激，以及各種化學藥品擁有強大的抵抗力。將納豆菌作爲發酵菌元，要對營養細胞（不斷重複分裂的細胞）施加壓力，打造不易生存的環境。成爲胞子的納豆菌擁有耐熱性，能夠在超過 100 度的環境下存活，因此蒸過的大豆溫度在 85 度以上時，撒入納豆菌的胞子，就能預防細菌混入。

成爲胞子休眠的納豆菌，撒在大豆後馬上就會發芽，成爲營養細胞，不斷重複繁殖和分裂，逐漸將大豆變成納豆。

◎ 釀造酒的期間不可以吃納豆

納豆絲含有許多納豆菌，納豆絲裡面的納豆菌營養源不夠、環境變惡劣時，就會變成胞子。如果在處理酒的時候帶來這種納豆菌的胞子，酒麴就會被汙染，變成「黏麴（不良的麴）」，會導致釀酒廠莫大的損失。因此處理酒的釀造場，會禁止吃納豆。

◎ 納豆的鮮味和黏性如何形成？

鮮味和黏性（納豆絲）對納豆的品質有極大的影響。鮮味成分，是大豆原本就含有的物質，以及納豆菌的作用而形成。使用擁有高活性蛋白酶（protease，分解蛋白質的酵素）的納豆菌，納豆含有的胺基酸就會增加，提升本身的味道。

納豆絲是由聚麩胺酸（polyglutamic acid，一種胺基酸，麩胺酸連成長長一串的化合物）和聚果糖（fructans）兩種聚合物形成的物質。雖然納豆的黏性越強品質越好，不過在海外，由於納豆絲不被接受的問題，因此也開發出納豆絲較少的納豆。

◎ 飛在空中的納豆菌

最近，用飄散能登半島上空3000公尺處的納豆菌製作的納豆成爲話題，也在飛機內當作飛機餐提供給乘客。這種納豆的特徵是味道溫和，氣味不重和黏性低。

發現這種納豆菌的，是研究從中國飛到日本的黃沙的團隊，他們認爲微生物或許會附著在黃沙上，於是在高度數千公尺處採集空氣時，也包含其中活著的納豆菌，混入煮熟的大豆發酵後，眞的就做出納豆了。這個研究團隊表示，在很久以前的日本，也會利用乘著黃沙的微生物來發酵食品，或許和發酵食品的歷史息息相關。

35 日本人發現的「鮮味」是什麼味？

全世界所認同的第五種味道「鮮味」，是日本人發現的。產生鮮味基礎的，是會藉由微生物生產而成的麩胺酸，應用在調味料等處。

◎ 鮮味和麩胺酸的發現

20 世紀初左右，一般認爲味道的基本味道就是**甜味**、**酸味**、**鹹味**和**苦味**四種。不過，池田菊苗（二戰前的日本化學家，舊東京帝國大學教授）認爲有種基本味道和這四種味道不同，之後終於查到在昆布高湯内那種強烈的味道。他在 1908 年，從昆布中發現這種味道的基本成分**麩胺酸**，並將這種獨特的味道命名爲**鮮味**。之後，鮮味就成爲第五種基本味道。

1866 年，從小麥的麩質中發現麩胺酸，不過關於這種味道，卻被德國知名化學家費雪（Emil Fischer）評爲「難吃」。池田能夠發現麩胺酸中有「鮮味」，或許是因爲日本有將昆布做成「高湯」的文化，而普遍擁有高湯文化的京都，正是他成長的地方。

◎第二、三種鮮味物質，發現鮮味的相乘效果

發現麩胺酸 5 年後的 1913 年，小玉新太郎（舊帝大教授）從柴魚乾中發現第二種鮮味物質**肌苷酸**（inosinic acid）[*1]。而在 1957 年，國中明（YAMASA 醬油員工）在曬乾的香菇中發現第三種鮮味物質**鳥苷酸**（guanylic acid）。雖然麩胺酸是胺基酸，肌苷酸和鳥苷酸卻是核酸，兩者並不一樣。

*1 肌苷酸本身沒有味道，會和胺基酸的一種組胺酸（histidine）結合，成爲肌苷酸組胺酸鹽，就是柴魚乾的鮮味。

1960年，國中將少量的肌苷酸和鳥苷酸加入麩胺酸中，發現鮮味變更明顯，因而把這個現象命名爲**鮮味的相乘效果**。在昆布高湯中，加入柴魚片或乾香菇後煮出的「混合高湯」，得知比單獨的昆布高湯或單獨的柴魚高湯散發出更強的鮮味。

◎為什麼會有鮮味？

體重50公斤左右的人體內，含有約1公斤的麩胺酸，約體重的2%，數量不少呢。約1公斤的麩胺酸中，約有10公克是游離型（不和其他物質結合），約990公克是結合型（會和蛋白質或肽結合）。

我們在成長的過程，或者爲了維持健康，從食物中獲取蛋白質是不可或缺的。**有感受到麩胺酸的鮮味，就是那裡有蛋白質的指標**。肌苷酸和鳥苷酸同樣也是那裡有細胞含有蛋白質的指標。

◎透過微生物生產麩胺酸

1909年，麩胺酸作爲鮮味調味料而上市販賣[*2]，這是用鹽酸將小麥的蛋白質加水分解後取得。

不過，在第二次世界大戰過後缺乏糧食的情況中，把珍貴的糧食當作原料一事受到許多批評，另外就是期待用些許的麩胺酸就能讓料理變得格外美味，和改善營養狀態相關，因此便開始利用微生物生產麩胺酸的研究。

*2 也就是「味素」。開始時只有麩胺酸鹽（麩胺酸鈉，MSG），不過在二戰後又發現其「鮮味相乘效果」後，現在則是將包含有MSG和2.5%的5'-次黃嘌呤核苷磷酸二鈉（肌苷酸和鳥苷酸的混合物5'-SRN）。另外也有將5'-SRN提高8%，僅需少量就能提升鮮味的鮮味調味料（ハイミー）。

一開始還有許多人還抱持著疑問，怎麼可能有這種違反常識的微生物，會過度合成對生物很重要的麩胺酸，並且排泄到細胞外。

不過，找到這類微生物後，透過巧妙的處理和最新的分析技術，從各地採取的約 500 個樣本中，發現特別有麩胺酸生產性的細菌。

這種細菌從上野動物園混著鳥屎的泥土中獲得。這種未知的細菌被命名爲麩胺酸棒狀桿菌（corynebacteriumglutamicum），確實能生產麩胺酸，也確認到其中含有鮮味。接著在 1956 年，世界上首次的胺基酸發酵就誕生了。

◎「希望能產生這種結果」而依靠微生物

接著，就開始尋找能夠生產肌苷酸和鳥苷酸等核酸系鮮味物質的微生物，而這種微生物也由日本人發現，那就是青黴菌屬的青黴菌。在背後推著他們一把的，就是前輩的話：「原則上要依靠微生物，做出希望能產生的結果」。

接著，世界首度的核酸發酵技術，也在日本誕生了。

第 4 章
作為「分解者」的微生物

36 堆肥和微生物有什麼關係？

堆肥指堆積家畜的糞便、稻草、米糠等有機物，透過微生物力量發酵的產物。接著，讓我們看製造堆肥時，微生物如何作用吧！

◎ 微生物的作用和發熱

成爲堆肥的有機物中，包含碳水化合物、脂肪、蛋白質等成分。這些物質會藉由微生物的分解而成爲**堆肥**。

將廚餘和水分多的家畜糞尿變成堆肥時，會混入米糠和木屑，將整體的水分濃度下降到60%左右。

做堆肥的流程大致上分爲兩個階段。

在第一個階段，會分解碳水化合物之類的有機物，以當作能源使用，讓微生物快速繁殖。接著會產生熱，到達50～80度左右。

雖然每個微生物只會發出微量的熱，但龐大數量微生物散發的熱，會成爲相當大的熱量。以前會利用這種時候的熱，將作物的種子撒在有泥土覆蓋的地方，利用發熱促使種子的發芽。因此，就把發熱的地方稱作**溫床**[*1]。這種時候發生的熱會蒸發水分，水分會降到40%左右。

活躍的微生物，主要是可能在高溫狀態生存、繁殖的**嗜熱菌**。這種細菌會在**60度左右旺盛活動，而許多病原菌、寄生蟲卵、雜**

*1 現在溫床給人「滋事的溫床」之類的負面印象，不過原本意思是做堆肥時，利用散發出的熱的苗床。

草種子會在這個溫度消滅，這樣就能成爲安全的堆肥。如果沒有充分形成堆肥，家畜糞尿中的寄生蟲卵會在沒有死去的情況下附著到作物上，接著被吃進人體內。

接著，進入第二階段，在第一階段沒有被分解，需要花時間分解的有機物（蛋白質、脂肪、纖維素、木質素等）會在 30 ～ 40 度左右慢慢分解。這個第二階段叫做堆肥的熟成期間，硝酸菌、亞硝酸菌、纖維素分解菌、眞菌、放線菌等，比第一階段還多種的微生物會繁殖。這些微生物會製造出品質更好、更均質的堆肥。

◎ 堆肥製作和使用時的注意事項

爲了製作良好的堆肥，堆肥的原料，以及水分、空氣、微生物、溫度等條件都必須齊全。特別是水分最為重要，如果太少，就會抑制微生物的繁殖，而無法順利形成堆肥；如果水分過多，空氣不夠，厭氧菌會繁殖，就會隨之產生惡臭。

水分最好維持在 55 ～ 70％左右。把廚餘當作原料時，就這樣直接使用水分就會過多，因此必須瀝乾、乾燥、混合木屑或牧草，將水分降到 60％左右。

使用堆肥時也必須小心。萬一用到成爲堆肥前的東西，或不完整的堆肥，不僅會發生惡臭，土壤中的微生物會快速繁殖，招致有害細菌的增加。微生物如果快速繁殖，也會產生熱，消耗土壤中的氧氣和氮氣，會阻礙農作物的生長。

製造堆肥的方法

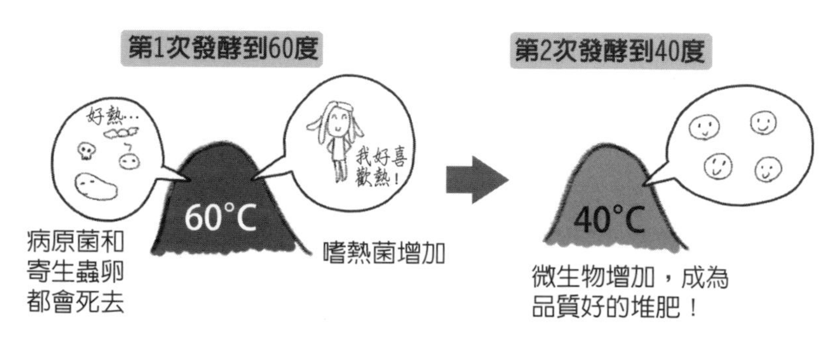

另外，由於雜草的種子和寄生蟲卵沒有死去，也會長出雜草，會讓寄生蟲附著在農作物上。爲了不讓這些問題發生，妥善地製作堆肥就很重要。

◎ 不要加入其他種特定的微生物！

或許讀者有聽過，特定廠商推銷說能讓廚餘有效地形成堆肥的有用微生物群[*1]吧，這種產品並非只能讓固定廠商的微生物資材形成堆肥。

其實，只要按照步驟處理，就能自然形成堆肥。自然界中存在著各式各樣的微生物，能夠讓堆肥形成的過程更加旺盛作用。我們或許可以思考，形成堆肥時，是否眞的需要這種微生物資材？不能用其他的東西代替嗎？

*1 譬如，商品名EM I號。根據專家的調查，並沒有檢測出最重要的光合細菌，因此成分和效用都有疑慮。

◎ 堆肥的作用

堆肥的作用大致上分爲兩種。

第一種是**處理廢棄物**的面向。家畜的糞便、廚餘、廢棄食品、稻草、米糠等農業廢棄物，不能直接當作垃圾丟棄，只要將這些東西變成堆肥，不僅可減少垃圾量，也能作爲農業資材、土壤改良資材回收再利用。

第二種是當作**農業資材**的作用。將堆肥堆入土中，可以提升透氣性、滲水性、養分的持有力等地力（土地的力量）。另外，堆肥也可以作爲優良的有機肥料使用。

堆肥就像這樣，在各種意義上幫助了我們生活。

在現代社會，垃圾減量是非常大的問題。廚餘如果直接丟棄，會對環境帶來沉重的負擔，而只要當作堆肥，不僅可以減輕垃圾量，藉由微生物的力量，也能轉變成有用的肥料。

希望讀者也能挑戰將自己產生的廚餘變成堆肥，踏出邁向循環社會的第一步吧。

37 汙水處理和微生物有什麼關係？

從住家排出的廢水都跑去哪裡了？雖然每個地區都不同，有些廢水會來到汙水處理廠，也有些廢水會在家庭的淨化槽處理，無論做法為何，微生物都會產生重要的作用。

◎ 廁所的汙水跑去哪了？

廁所的排泄物（糞便、尿），除了水以外幾乎都是有機物。每個地區處理排泄物的方法都不同。

下水道普及的地區，會有汙水管通過；汙水管連接著汙水處理廠，收集到的汙水會在**汙水處理廠**處理過後，流到湖泊和大海。相對於這種下水道，日本人會直接飲水的水管，就叫做上水道。

另一方面，也有許多地區的下水道並不普及。在 2017 年 3 月底，日本都道府縣的下水道普及率全國平均爲 78.3％，從德島縣的 17.8％到東京都的 99.5％，地區間落差非常大。

定期派水肥車抽取的地區，會將收集的排泄物運送到**排泄物處理廠**處理。排泄物處理廠的運作流程，基本上和汙水處理廠相同。

而下水道不普及，「不會抽取」的地區，就用淨化槽處理。在淨化槽處理過的水，會經由道路旁的排水溝流向河川、湖泊、大海；而流到河川處理過排泄物的水和汙水處理過的水，會成爲水管中的水。

◎ 應用微生物的汙水處理流程

日本的汙水處理廠，幾乎都是用應用微生物的分解處理法——活性汙泥法[*1]。

首先一開始，會在沉積池中去除水中的固形物，接著將汙水排入反應槽。這裡就輪到活性汙泥發揮了。所謂的活性汙泥，是將細菌或原生動物等微生物聚集而成大片雪結晶般的柔軟固體。雖然用肉眼只能看見活性汙泥中的泥，但在顯微鏡下可以看到許多微小的生物。

這些活性汙泥的細菌，是遇到氧氣就會熱烈呼吸的好氧菌，會利用氧氣分解有機物排到空氣中。就像我們會透過細胞從養分（有機物）和氧氣取出能量，形成二氧化碳和水一樣，微生物會從有機物和氧氣中取出賴以維生的能量，形成二氧化碳和水。

接著，處理過的水會排入最終沉澱池，將上層乾淨的水殺菌後排放到河川或大海內。

*1　「汙泥」指汙水處理廠的處理過程中所產生的泥，是有機質的最終生成物所凝集而成的固體。

汙水處理的流程

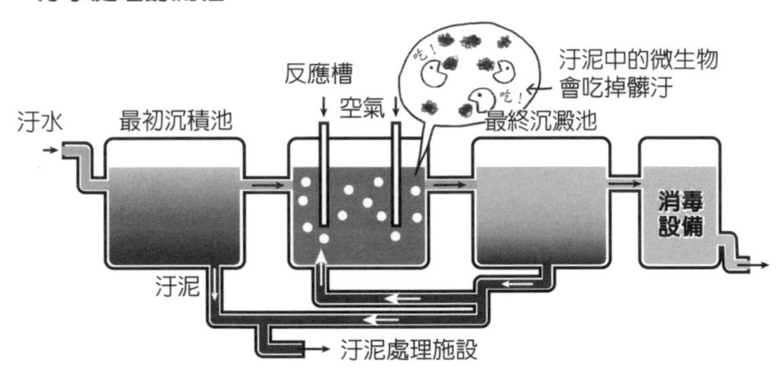

◎ 沒有下水道的情況，個別設置淨化槽

淨化槽有分處理排泄物的**單獨淨化槽**，以及廚房、洗澡廢水和排泄物一起處理的**合併淨化槽**。

淨化槽的處理流程基本上和汙水處理廠一樣。只是單獨淨化槽的處理能力並不強；由於合併淨化槽中有許多種水混合在一起，是細菌喜好居住的環境，因此比單獨淨化槽分解有機物的作用更強。

另外，由於廚房廢水含有許多有機物，單獨淨化槽無法處理這些物質。因此要處理汙水，合併淨化槽比較好*2。

*2 小型的合併處理淨化槽，作爲家庭的「迷你下水道」，能夠水洗廁所，同時能夠淨化生活排水。

38 自來水和微生物有什麼關係？

每個人都知道自來水廠會應用微生物處理汙水，其實製作自來水的「慢濾池」(slow sand filter) 淨水處理法也會用到微生物。接著，來介紹這種方法的歷史和優點吧！

◎ 慢濾池和微生物

我們喝的自來水，水源的種類、水量、水質都會進行各種處理。水質好的地下水，只要用氯消毒就結束了，但如果是小規模的淨水場，這種方法可行不通。

淨水處理中，有種自古以來使用的方法，叫做**慢濾池**。過濾時會用沙子、砂礫、碎石等鋪成的池子，以非常緩慢的速度過濾水。池底（沙層的最上面）會有薄膜狀的微生物繁殖，在此溶解的成分或重金屬會被取走。

這種方法已經有 100 年以上的歷史，原本是用來預防斑疹傷寒或霍亂等傳染病而從歐洲帶進來的方法。這是不需要花錢、成效很高，現在也會應用在簡易水道等處[*1]。

只不過，慢濾池的速度，每天只能過濾 4 ～ 5 公尺，速度只有快濾池的三十分之一左右，因此能夠處理的水量有其極限，如果不是水質變化低的良質水，就不適合處理，因爲有這些問題，現在日本的使用率不到 5%。

*1 東京都武藏野市的境淨水場，是日本處理能力最大的慢濾池，每天可以處理 31 萬 5000 立方公尺的水。

慢濾池中有魚、昆蟲等各式各樣的生物棲息著，能讓人感受到這是應用生命力的技術。

另外，雖然慢濾池是屬於較爲古老的技術，不過淨水技術在電力基礎建設並不完善的地區也能應用，在提供技術給發展中國家時也會用到。

◎ 快濾池和高度淨水處理

最廣泛使用的淨水處理是快濾池 (rapid sand filter)，這種做法藉由藥劑讓髒汙凝集、沉澱，將上層乾淨的水用沙子或砂礫層快速（每天 120 ～ 150 公尺）過濾。雖然這種方法可以大量處理汙水，卻難以去除溶解於水中的物質，是自來水難喝、有霉味的原因。

水中有各種有機物溶解著，特別在夏天有時會有以往的快濾池處理速度跟不上的問題。這些物質是味道的源頭，會和氯反應，成爲致癌物質三鹵甲烷（trihalomethanes，THMs）。

這些方法中，最近有種叫做高度淨水處理方法，可以對這種物質採取因應措施。這種高度淨水處理，也是應用將微生物溶於水中而去除物質的技術。

首先，在一般的快濾池處理前的水中注入臭氧。臭氧是由三個氧原子結成的氧氣同素異形體，是有強烈腐蝕性的有毒物質，這種強大的酸化力，會應用在除臭或除菌上。

藉由臭氧分解有機物質，被分解的物質會留在水中。接著，將這些水流到生物活性碳吸附池的設施中。在這裡，活性碳的粒子會吸附微生物，活性碳本身的吸附作用和微生物的作用，會去除臭氧分解的有機物和氨。

進行高度淨水處理的水，能夠抑制三鹵甲烷和霉味，由於水中的溶解物較少，氯的味道比較不會那麼重[*2]。

過去從江戶川取水的金町淨水廠（東京都）的自來水，由於取水源頭的江戶川本身的水質惡化，會散發出霉味和氯的味道，因此反應並不好。現在的金町淨水場、三鄉淨水場（東京都）、新三鄉淨水場（埼玉縣）等處都採用高度淨水處理方式，味道就可與市售的礦泉水匹敵。

像這樣，最新的淨水技術也和古老的淨水技術一樣，都會應用到微生物。

*2 氯的味道並非氯本身散發出的味道，而是溶解於水的氨的成分和氯結合而產生的味道。

39 基因重組和微生物有什麼關係？

透過基因重組技術，可以改良植物品種、進行醫藥產品的生產。這種時候，就會用到大腸菌或酵母等微生物。

◎ 發現基因的機制和微生物一樣

隨著基因重組技術的進步，將巨大分子DNA（去氧核醣核酸）自由切塊、連結，或回到生物細胞內的技術變得可能。

只要使用這種技術，就能夠讓大腸菌產生出人類的激素。爲什麼能做到這種事呢？這是因爲大腸菌（微生物）和人類（動物）等生物雖然並不相同，基因表現的機轉基本上一樣[*1]。

◎ 基因改造的做法

以往植物的品種改良都是由「交配」進行。做法是將「①味道不錯的番茄」和「②耐旱的番茄」交配，就能獲得「③美味又耐旱的番茄」（參考右圖）。

但僅是將①和②交配的話，不只是③，也有可能出現「味道差，且不耐旱的番茄」等各類雜種。要從這些找出目標③，不但作業困難，也需要花費很長的時間。

要透過基因重組進行品種改良，首先要將有用的特質（譬如「耐旱」），用「剪刀」從番茄細胞中將**限制酶**剪下；名爲**載體（vector）**的DNA會擔任「交通工具」的作用，與「膠水」**連接酶（ligase）**連接在一起。載體也會和抗生物的基因連接。

*1 關於這一點，法國生物學家莫諾（Monod）留下了名言：「大腸菌身上有的東西大象也有」。

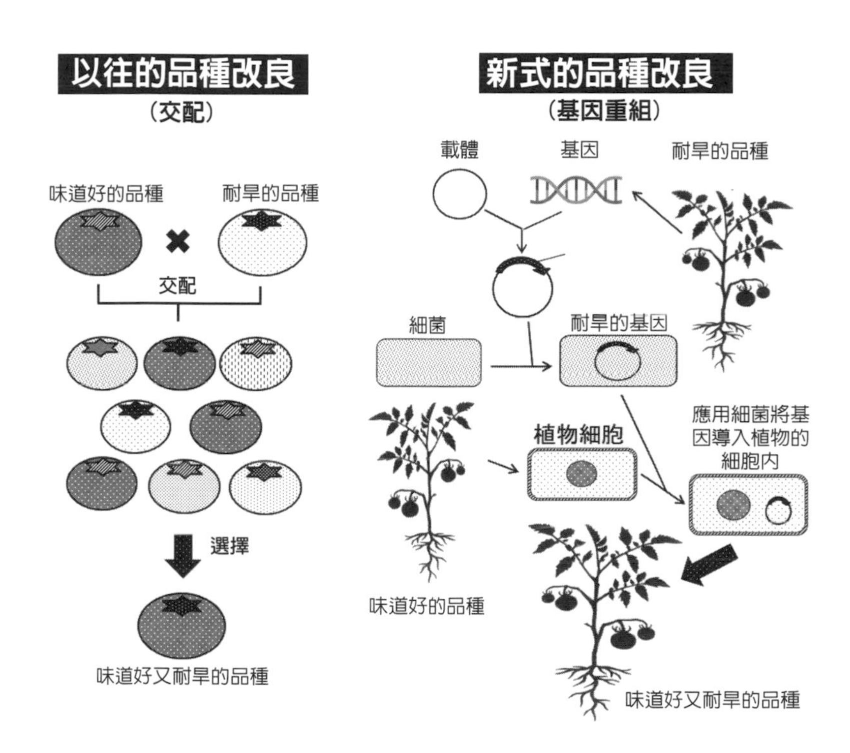

將連有「耐旱」基因的載體植入會感染植物的細菌（農桿菌，Agrobacterium）後，導入「味道好」的番茄細胞內。對抗生素的耐性可得知是否有導入目標基因。將選擇的細胞組織培養，就能完成擁有「味道好又耐旱」特性的新品質。

◎ 使用基因重組生產的醫藥產品

基因重組也能應用在治療疾病的藥物或疫苗等醫藥產品上，胰島素和疫苗正是如此。

糖尿病是因爲缺乏胰臟分泌的激素胰島素而引起，必須要藉由注射胰島素治療。過去會使用從牛或豬的胰臟中取出的胰島素，但工程複雜、費用昂貴，而且也沒有人類胰島素般的效果。將人的基因和大腸菌組合，生產出人胰島素後，這個問題就解決了。

會導致慢性肝炎疾病或肝癌的 B 型肝炎，能夠透過施打疫苗防止感染（參考第 209 頁）。一般認爲，讓嬰兒接種將 B 型肝炎病毒基因放入酵母中的疫苗，就會出現很好的效果，可以避免未來肝癌病患增加。

◎ 基因重組食品的安全性

基因重組的初期，會進行給予植物害蟲抗性性質的重組。害蟲抗性來自從昆蟲病原菌中取出的毒素基因，昆蟲一吃掉，就會製造損害消化道的蛋白質。不過，人類之類的哺乳類吃掉這個物質，也不會在消化道内分解胺基酸而造成傷害。

基因重組的食品會施行安全性的審查，未通過審查的食品就會禁止在日本流通。能作為食品流通的商品，都已確認和一般食品有相同的安全性。

40 微生物可以分解的塑膠是什麼？

塑膠垃圾是現今環保的重大問題。塑膠雖然使用方便，卻也有不易腐爛等害處，此時備受矚目的就是「生物分解性塑膠」。

◎ 君臨材料世界的塑膠

人類正式地製造、大肆活用塑膠材料，是在第二次世界大戰之後。在此之前主要的材料都是自然界中的木材、岩石、金屬等材質。

塑膠擁有許多特徵：包含重量輕、不會生鏽、不會腐爛、能夠自由變換形狀，堅固、經年累月都不易變化，而且便宜。

不過由於不會腐爛（也就是微生物無法分解），因此變成一種失控的物質。如果是木材會被微生物分解，但**即使將塑膠切得再細，大多數也不會被分解，而是會一直存在大自然中**。接著，塑膠垃圾會流入大海，對海洋生態造成重大的打擊。

◎ 什麼是生物分解性塑膠？

由於上述的前提，這幾年**微生物可分解的「生物分解性塑膠」**的研究開發非常盛行[*1]。

*1　物質能被微生物分解的性質叫做「生物分解性」。

最具代表性的就是**聚乳酸（polylactide）**，它和寶特瓶的材料聚乙烯對苯二甲酸酯（PET）同樣都是聚酯物。聚乳酸的原料，是從家畜飼料用的玉米等物得到的澱粉。

酵素會將澱粉分解成葡萄糖，而乳酸菌將葡萄糖發酵後會形成乳酸，許多這種乳酸連結在一起，就會成爲聚乳酸。順道一提，用 10 顆玉米就能製造出 A4 大小的聚乳酸袋。

聚乳酸能夠製造成各種產品來販賣，從垃圾袋、農業資材等生物分解性必要的用途，到智慧型手機、電腦外殼等需要耐久性的用途都有。在我們身邊，例如「開窗信封」的那層透明窗户就是用聚乳酸所製作的。生物分解性塑膠，會因微生物的作用最後**分解成二氧化碳和水**。除了聚乳酸，還有聚己内酯（PCL）[*2] 和聚乙烯醇（PVA）[*3]。

聚乳酸

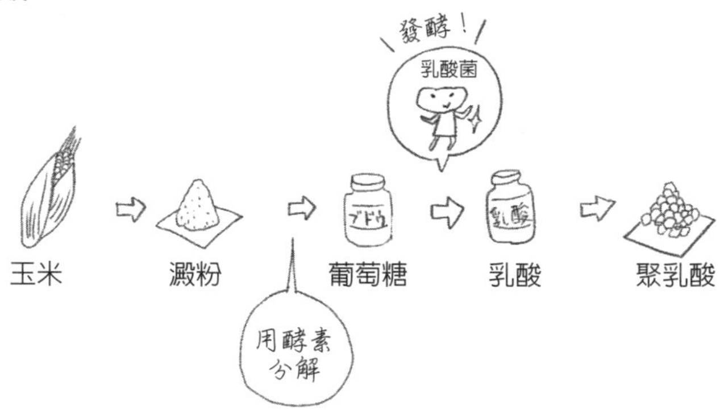

*2 主要用途爲垃圾袋或農業用塑膠布之類的薄膜。
*3 將此物質溶於水後就會變成洗衣糊（譯註：洗濯糊（せんたくのり），是一種能改善衣料觸感、防止衣服縮水的糊狀洗滌物）。

41　抗生素是什麼？

過去有許多人因為傳染病而失去性命，而當抗生素出現後，這些疾病開始能治癒了。另一方面，抗生素無效的抗藥菌問題也越來越嚴重。

◎ 阻礙其他微生物的發展

人類一直以來常因細菌感染而引發疾病（傳染病）而痛苦。對傳染病束手無策的人類，因獲得能夠治療的藥物，變得能夠和傳染病戰鬥，其中最重要的成果就是**抗生素**。抗生素一開始的意思是「生產某種微生物，抑制其他微生物繁殖的物質」。最近，擁有抗癌作用的物質，也包含在抗生素內。

◎ 弗萊明發現盤尼西林

最早發現抗生素的，是英國的醫師弗萊明（Fleming）。在第一次世界大戰從軍的弗萊明，目擊到許多在戰場受傷的士兵因細菌感染，導致敗血症而死亡。

1928年9月，從夏天的休假回來的弗萊明，在布滿細菌的培養基中，發現不可思議的現象：那就是長滿青黴菌的周圍，沒有任何細菌存在。

對這種現象感興趣的弗萊明，成功在生長的青黴菌中萃取出抗生素，這就是盤尼西林（青黴素）。別的研究人員研究出大量生產盤尼西林的方法，在 1944 年諾曼第登陸作戰前，一直被廣泛使用 *1。

◎ 盤尼西林如何抑制細菌繁殖？

盤尼西林以及同伴的抗生素等，會阻礙細菌形成細胞壁（也叫做「合成細胞壁」），進而抑制細胞繁殖。不過，由於我們的動物細胞沒有這種細胞壁，因此盤尼西林不會對我們產生作用。雖然對細菌會產生作用，對動物卻不會作用，這種作用叫做「選擇性」，選擇性越高的藥就越容易使用。

像盤尼西林一樣阻礙細胞壁合成，是選擇性最高的抗生素。能抑制結合菌的鏈黴素（streptomycin），會對細胞中核醣體作用，阻礙蛋白質的合成。這種菌屬的抗生素，擁有僅次於盤尼西林的高選擇性。

撲類惡注射劑（Bleomycin）和排多癌注射劑（Mitomycin C），是阻礙細胞中 DNA 合成的抗生素。對細菌的選擇性最低，會被當作抗癌藥物使用。

◎ 抗生素因標的物質而分類

抗生素阻礙細菌繁殖，不會對我們產生作用，就像有無細胞壁一樣，應用到細菌和眞核生物（動物也一樣）間細胞構造、機能的大幅相異之處。因爲有這些不同的地方，才能開發出高選擇性的抗生素。

*1 世人將盤尼西林稱作「奇蹟的藥」，成功防止好幾萬人免於在戰場因負傷而亡。弗萊明的這份功勞，讓他在 1945 年獲得諾貝爾生理學和醫學獎。

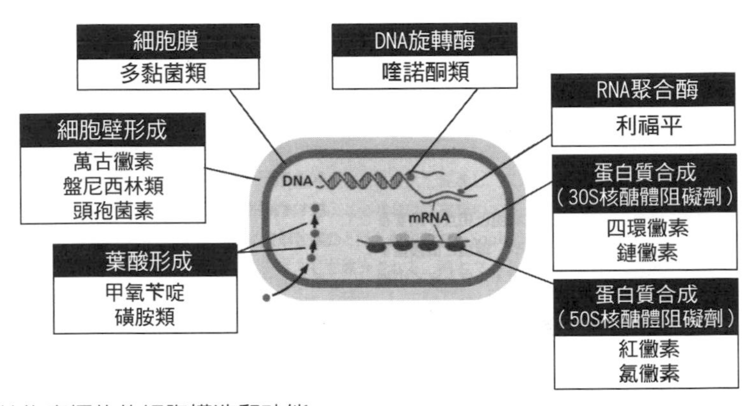

抗生素標的的細胞構造和功能

出處：ALBERTS《細胞的分子生物學第6版》Newtonpress出版（2017年）第1293頁圖，部分變更

上圖表示抗生素會將細菌細胞的哪個部分當作標的。大多數在醫院使用的抗生素，都屬於這些分類的其中一種。

其中大部分，會阻礙細菌合成蛋白質，或阻礙細胞壁的合成，以產生效果。

◎ 棘手的抗藥菌問題

在不斷開發各種抗生素中，也有經歷過一個時期——當時認爲已經完全克服傳染病了。不過，抗生素無作用的細菌卻接二連三地出現。這種細菌叫做**抗藥菌**，是抗生素所造成最嚴重的問題。

由於細菌正在不斷進化，即使開發出新的抗生素，幾年內就會出現抗藥菌。細菌就像下圖：

①讓抗生素目標的分子產生變化

②破壞抗生素，使結構發生變化

③抗生素即使進入細胞滲出許多物質，也無法到達標的，這種做法會使得抗生素無效。

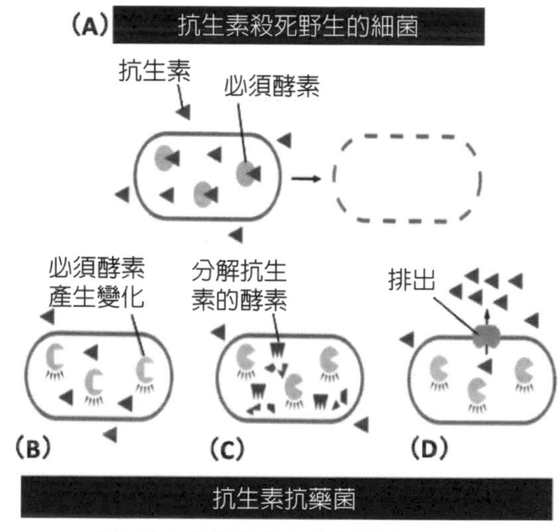

成為抗生素標的的細胞結構和功能

出處：ALBERTS《細胞的分子生物學第6版》Newtonpress出版（2017年）第1293頁圖，部分變更

只要細菌出現抗生素的抗性，這種抗性的基因也會傳給其他細菌，不僅如此，甚至也會傳到其他種類的細菌。在抗生素無效的感冒、流行性感冒時開抗生素，或爲了家畜發育、健康等因素濫用抗生素等，這些人類隨便的行爲使得抗藥菌的問題越來越嚴重[*2]。

*2 抗生素萬古黴素，是院內感染的最後一道手段，不過萬古黴素無效的抗藥菌也出現了。一般認爲，原因來自於用在飼育牛上的類似抗生素。

第 5 章
引起「食物中毒」的微生物

42 「食物中毒」是什麼？

一般說到食物中毒，會有沙門氏菌或金黃色葡萄球菌等細菌引起的印象。不過，也有病毒所引起的食物中毒。說起來，食物中毒到底是什麼呢？

◎ 食物中毒

食物中毒是「吃壞肚子」的醫學用語。主要是食物中毒爲原因的腸胃炎，有細菌感染引起、細菌產生的毒素引起、也有病毒感染引起的症狀。

細菌感染及細菌產生的毒素一直以來是食物中毒的主因，不斷讓人類受苦。

◎ 和食物中毒奮鬥

曬乾食品，或用鹽醃製的技術，以及剝皮調理、加熱調理的技術，不僅能提升保存性，防止腐敗，也能防止食物中毒。

不過，食物中毒發生次數大幅減少，是在安全製造的食品能保持低溫運送到餐桌上之後。在食品工廠或是調理現場徹底實施衛生管理，以及能低溫配送的冷凍物流的發達，每個店鋪或家庭都有冰箱後，才得以實現飲食安全。

食物中毒就像這樣不斷減少。不過在家庭中烹煮、個人釣魚的管理等專家看不到的地方還是會發生。自古以來一直存在的細菌所引起的食物中毒到底是什麼呢？知道這些事並不會吃虧。

◎ 病毒引起的食物中毒

病毒感染的症狀，主要是感冒或流行性感冒，但不僅有人對人的感染，食物爲原因的傳染病有時也會擴大。造成食物中毒的病毒之中，有諾羅病毒、輪狀病毒、A型肝炎病毒、E型肝炎病毒。

感染力強的諾羅病毒，有時不會稱爲「食物中毒」，不過也有意見指出，若將食物造成的腸胃炎稱作食物中毒的話，細菌性中毒只占一成，病毒性的食物中毒則高達九成。

◎ 病毒只有對症療法

抗生素會妨礙造成疾病的細菌繁殖。另一方面，病毒會將基因注入宿主細胞並予以複製，因此抗生素對病毒無效。針對流行性感冒之類的疾病，現已開發出妨礙病毒繁殖的藥物，許多病毒性疾病以對症治療爲中心。腸胃炎的情況會服用止下痢、止吐等藥物，若有必要也會喝解熱劑、止痛藥補充水分。病毒引起的食物中毒，有許多感染及注意事項。

43 直接捏飯糰很危險？《金黃色葡萄球菌》

你是否有聽過「最近的年輕人有潔癖，都不吃直接用手捏的飯糰」這種話呢？直接用手捏飯糰，會有什麼衛生上的問題呢？

◎ 飯糰是發酵食品嗎？

身爲醫學博士，同時也以寄生蟲專家聞名的藤田紘一郎，在 2018 年 5 月 25 日出版的雜誌《croissant》裡，標題爲「加鹽的飯糰是美味的發酵食品？」的文章中指出，「飯糰的效用是加入腸道的常駐菌，不直接用手捏就沒有意義」、「飯糰和發酵食品一樣」，這些言論引起廣大的討論。

發酵和腐壞，簡單來說就是對人體有用、對人體有害的差別，兩者的現象相同。

正確來講，無氧條件下的有機分解之中，**產生乳酸、丁酸等有用物質的就是發酵，產生帶有惡臭的有害物質就是腐壞**。

我們的皮膚、腸道內有乳酸菌、醋酸菌、大腸菌、葡萄球菌等諸多細菌類住著，這些細菌叫做常駐菌。藤田雖說，飯糰的效用就是吸收這些常駐菌，不過這些常駐菌中，只限於讓有用的微生物繁殖、控制成對人體有用，需要高度技術和管理。

譬如我們都曉得日本酒、味噌、醬油等發酵食品的釀造和品質管理都需要高度技術。另一方面，像飯糰這種溫度、環境都無法控制的食品，不可能如此管理。

◎ 不但耐熱，也不會被胃酸分解

文章一開始也提過，這幾年有越來越多人不敢吃直接用手捏的飯糰，主要是年輕人居多。雖然也有意見表示對衛生要求太高了，卻也有因此減少的東西：那就是金黃色葡萄球菌造成的食物中毒。

金黃色葡萄球菌是皮膚和鼻腔上的常駐菌，不僅會將傷口當作巢穴化膿，抵抗力弱的人也會引起敗血症等，有各種病原性。另外，抗生素無效的抗藥性金黃色葡萄球菌（MRSA）是院內傳染病（nosocomial infection）的原因，也出現過許多犧牲者。2000年雪印引起的大規模食物中毒事件的主因也是這種金黃色葡萄球菌。

食品上的金黃色葡萄球菌增加，會產生一種叫做腸毒素(enterotoxin)的毒素。

一般而言，我們所吃的食物經過加熱處理就會變質，或被胃酸、酵素分解。不過腸毒素耐酸又耐熱，更不會被胃酸分解。因此，即使加熱被腸毒素汙染的食物，也會引起食物中毒。具體而言，30分鐘到6小時（平均3小時）就會引起噁心、嘔吐、腹痛等症狀。

◎ 飯糰引起過許多食物中毒

其實到1980年代爲止，有三分之一的食物中毒都是金黃色葡萄球菌所引起，其中最主要的原因是食品中的飯糰。

葡萄球菌有耐熱性又耐乾燥，甚至可以在食鹽濃度10%的環境下生存。手沾鹽後捏飯糰，是爲了抑制細菌的繁殖，不過對金黃色葡萄球菌的效果微弱。

為了不讓飯糰上的細菌繁殖

因此，捏飯糰時蓋一層保鮮膜，料理加工食品時要戴手套，這些做法是減少金黃色葡萄球菌引起食物中毒的有效方法。

實際上，金黃色葡萄球菌引起的食物中毒，現在已經抑制到只占所有食物中毒的5%以下。

像這樣，爲了減少經常發生的食物中毒，在背後嘗試了各式各樣的努力。因此，「不直接用手捏飯糰就沒有意義」這種輕率的發言，讓人無法苟同。

44 自然界中最強的毒素？《肉毒桿菌》

據說肉毒桿菌產生的毒素是河豚的 1000 倍以上，像蜂蜜或密封食品等乍看之下安全的食品，也會發生食物中毒。

◎ 500 公克就能殺死所有人類？

肉毒桿菌產出的肉毒桿菌毒素是自然界的毒素中最強，據說比河豚毒還強 1000 倍以上，可怕的程度甚至有人說根據計算只要 500 公克就能殺死所有人類。

肉毒桿菌是厭氧菌，大多存在於土壤、大海、湖泊、河川等泥土中，無法生存在有氧氣的地方。包含廚房在內，我們生活的每個地方都有豐富的氧氣，感覺讓人挺放心的呢。那麼，到底在什麼條件下會引起肉毒桿菌食物中毒呢？

肉毒的意思來自拉丁語「灌腸」(botu1ns)。在歐美等地，香腸、火腿等是食物中毒的主要原因。

而日本常發生的肉毒桿菌食物中毒，大多是叫做飯壽司的發酵食品所引起，過去曾在秋田縣和北海道偶發。飯壽司是用鮭魚、鯡魚等魚類和白飯、鹽巴、蔬菜醃製發酵的食品。一般情況，爲了不讓空氣進入，會用乳酸發酵抑制細菌的繁殖。不過在乳酸發酵前混入的肉毒桿菌和其芽胞，就會成爲食物中毒的原因[*1]。

*1　由於現在在家自己做飯壽司的習慣減少，飯壽司引發的食物中毒也逐漸下降。

最近幾年比較常見的，是**密封食品**導致的肉毒桿菌食物中毒。肉毒桿菌和肉毒桿菌進入休眠狀態的芽孢，只要加熱到120度、持續4分鐘就能壞死，因此**罐頭、瓶裝物、微波食品都很安全**[*2]。那麼，到底是哪種食品危險呢？

有肉毒桿菌繁殖疑慮的，是沒有煮熟的自家製食品、瓶裝物，以及可常溫保存、非微波食品的真空包裝食品。

在超市等處販賣的**需冷藏真空包裝食品**，容易和微波食品混淆，在日本也經常有人弄錯拿去常溫保存，因而造成食物中毒的例子。另外，雖然E型肉毒桿菌同樣都是肉毒桿菌，由於放在冰箱保存也會繁殖，因此遵守賞味期限也很重要。

肉毒桿菌毒素雖然很驚人，不過只要在**100度持續加熱10分鐘就會分解**。確實加熱後再食用的話，就能防止食物中毒。

◎ 嬰兒肉毒桿菌中毒與蜂蜜

為了防止未滿1歲的嬰兒罹患嬰兒肉毒桿菌中毒，因此不可以餵食蜂蜜。（細節請參考第46頁）

*2　萬一容器膨脹，代表肉毒桿菌有繁殖的可能，不可以吃，要直接丟棄。

45 為什麼日本以外的國家不喜歡生吃海鮮？《腸炎弧菌》

「不可以在切過魚的砧板上切菜」，是否曾經有人這麼教過你呢？在大海中捕獲的魚貝類含有許多腸炎弧菌，在喜歡吃生食的日本，也多次引起過相關的食物中毒。

◎ 霍亂弧菌的親戚

腸炎弧菌和霍亂弧菌同樣都是弧菌屬的細菌，生存在海水或大海的泥土中。繁殖速度非常迅速，只要一感染，8 小時到 1 天內就會產生劇烈的腹痛或下痢，有時也會出現發熱的症狀。另一方面，腸炎弧菌不耐熱，在淡水或低溫環境無法繁殖。那麼，什麼條件會引起食物中毒呢？

只要海水溫度超過 15 度，腸炎弧菌就會開始旺盛活動。但由於海水中腸炎弧菌的數量不多，即使喝下少量的海水也不會有問題，不過**在溫暖氣候下捕獲的魚貝類，一般都有腸炎弧菌附著在上面，如果不冷藏就會迅速繁殖，引起食物中毒**。許多國家不會生吃海鮮魚貝類就是這個因素。順道一提，雖然淡水魚類沒有腸炎弧菌的風險，相對地卻有寄生蟲感染的風險，因此即使有安全地養殖，也應該避免生食才對。

日本人生吃魚，以及過去物流並不完善，是長期以來腸炎弧菌食物中毒的最主要原因。

不過，隨著冰箱和低溫運輸車普及，低溫食品物流的體系建構完善，以及壽司店或超市等處料理設施的料理技術提升及徹底消毒，這幾年發生食物中毒的次數急速減少。

爲了能夠安心吃生魚片或壽司，日本飲食衛生環境因此才有所提升，或許可這麼說吧。

可惜諷刺的是，由於現在變得能夠安全地吃這些生食，一般家庭對海鮮、魚貝類的處理欠缺衛生意識，也因此有怠慢低溫管理的案例。所以，將海釣回來的魚，或者在旅遊地買到的魚帶回家時，請務必小心。

◎ 料理上的注意事項

由於腸炎弧菌無法在淡水中繁殖，因此只要將魚貝類在流動的水中仔細沖洗過後再料理。魚貝類加熱料理時，必須要連中心部都煮熟（60 度高溫，10 分鐘以上）。

由於腸炎弧菌的繁殖速度很快，生魚不可以常溫保存，就算時間很短暫，也要放在冰箱內、用冰塊冷卻、保冷箱內保存。

即使冷凍，短時間也不會完全消滅，因此將生的冷凍魚放在常溫下解凍也很危險。要在冰箱之類的低溫環境下解凍，或用微波爐短時間解凍。

另外，要將壽司和生魚片視爲調理後的食品低溫保存，盡可能早點食用。

採買時，魚或生魚片要最後購買，並盡快放入冰箱。吃迴轉壽司時，要看盤子確認食物放置的時間，雖然放太久的食物店裡都會銷毀，但這麼做也是防止感染的一道工夫。

為了防止二度汙染

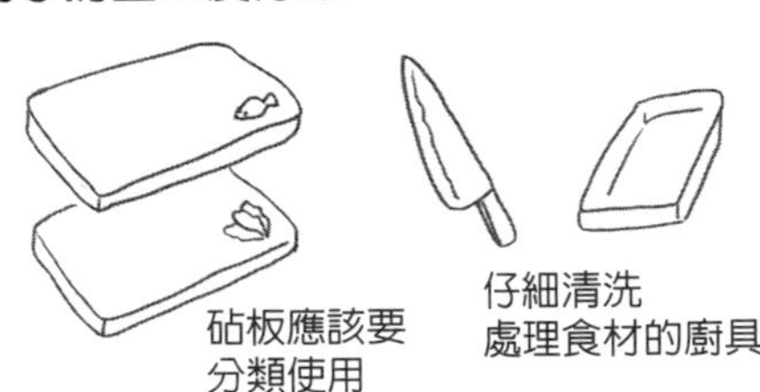

小心別讓海綿、
抹布、調理台等處的
細菌繁殖！

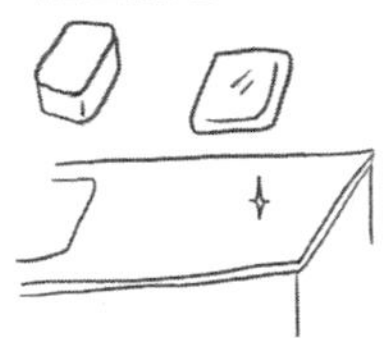

◎ 小心二度汙染

腸炎弧菌食物中毒主因雖然是海產生鮮魚貝類或加工食品，不過也要小心二度汙染。

在料理的過程，腸炎弧菌也會附著在手、砧板、菜刀等廚具上。有時透過這些廚具會汙染其他食品，特別是含有鹽分的食品被汙染的情況，就會在那道食物上繁殖，成爲食物中毒的原因。

過去也發生過，沒有充分洗乾淨處理過魚的砧板，並在上面將小黃瓜切塊後醃製，使得腸炎弧菌在鹽分多的環境下增加，進而引起食物中毒。因此，要仔細清洗廚具，避免二度汙染喔！

46 為什麼日本人能生吃雞蛋？《沙門氏菌》

你是否有聽過，只有日本人會生吃雞蛋呢？這是為什麼呢？接著，要介紹也會從寵物身上感染的沙門氏菌。

◎ 沙門氏菌和傷寒病原菌是同族

沙門氏菌是廣泛生存在雞、牛、豬等家畜腸道中的細菌。如果人類受到感染，就會引起劇烈的下痢症狀（有些人不會出現症狀，變成長期帶原者）。

沙門氏菌並不是因毒素引起食物中毒，而是進入口中，在消化器官內繁殖進而引發症狀。一般人討厭蟑螂或老鼠，是因爲這些生物是沙門氏菌或傷寒的病原菌媒介，在海外偶爾也會發生老鼠糞便造成的斑疹傷寒疾病。

其實沙門氏菌和傷寒病原菌、副傷寒病原菌都是同屬的夥伴。不過，由於傷寒及副傷寒會引發劇烈的全身症狀，因此列爲法定傳染病而有所區別。沙門氏菌在乾燥環境能存活好幾週，在水中能存活好幾個月。

在日本有報告指出，有許多生吃雞蛋及雞蛋加工食品、肉（特別是內臟）或二度汙染引發食物中毒的案例。另外也有鰻魚、鱉（特別是飲生血或生食內臟）成爲主因而引發的例子。

◎ 生雞蛋很危險嗎？

席維斯史特龍主演的著名電影「洛基」[*1]，描寫想成爲拳擊手的主角過著貧窮的生活，由於買不起運動員在喝的蛋白粉，因此會將生雞蛋打在啤酒杯中喝下去。

日本人看到這個畫面，頂多覺得「很常見呢～」，其實這個場景在歐美的文化圈，會認爲在亂吃粗糙的食物、覺得噁心，是表現洛基執著的場景。到日本旅遊的外國人所排斥的食物排行中的前幾名就有生雞蛋。在海外的認知中，生雞蛋有被沙門氏菌感染的危險，因此外國人都排斥生吃。

如果雞蛋被沙門氏菌汙染的話，爲什麼我們日本人在日常生活中生吃雞蛋不會有問題呢？

的確，剛生下來的生雞蛋會通過母雞的腸道，沙門氏菌會因此附著在雞蛋上。不過，由於日本普遍有生吃雞蛋的習慣，因此在出貨前會用含消毒液（次氯酸）的溫水或紫外線進行殺菌消毒。因此，**在日本販賣的雞蛋，只要沒有超過賞味期限就能夠安心地生吃**。

在歐美等海外地區並不會進行這種消毒，因此一般認爲生吃雞蛋有危險。不過，即使在海外，也有許多美乃滋、蛋酒、冰淇淋等用生雞蛋製造的食品。這些國家也會販賣食品用的Pasteurized-egg（已殺菌雞蛋），這種蛋和日本的生雞蛋同樣都可生吃。相對地，在日本國內，一般都有在販賣海外常見的Pasteurized-egg。

*1　1976年的美國電影，得到第49屆奧斯卡最佳影片，及第34屆金球獎最佳戲劇影片。

◎ 即使超過賞味期限，只要加熱處理就可以吃

順道一提，雖然商店中的雞蛋大多以常溫販賣，不過由於空氣中的水分凝結在蛋殼上，會使蛋殼上的沙門氏菌開始繁殖，因此建議買回家後放在冰箱內保存。

賞味期限大致上設定成下蛋後2週左右，不過這裡是指生吃的「賞味期限」，並非生鮮食品常見的「消費期限」。因此，**即使雞蛋超過賞味期限，只要沒有腐敗，加熱處理後就可以吃**。不過，蛋裂開的話要馬上料理。由於細菌會從蛋的裂縫入侵，如果不料理就要丟棄。

另外，即使是飼養的母雞新鮮剛產下的蛋，**如果沒有清洗過，可能會有沙門氏菌附著在蛋上**，最好記得這一點。

◎ 注意來自寵物的感染

不只是家畜，寵物身上也會帶有沙門氏菌；會帶菌的動物不只有狗、貓、鳥類，也包含烏龜之類的爬蟲類，在美國也出現過刺蝟寵物引起的沙門氏菌傳染疾病。

這些動物即使感染沙門氏菌，也幾乎沒有症狀，因此觸碰寵物後必須洗淨雙手。在動物園的互動區，為了讓遊客觸摸動物後能夠洗手，都一定會在一旁設置洗手的設施。

有養寵物的人，雖然對寵物本身的傳染疾病很敏感，但也有人其實不知道**寵物也會是傳染疾病的病原菌帶原**。

雖然許多貓咪咖啡廳都會在顧客進入店裡時要求他們洗手或消毒，大多店都是邊觸碰動物邊飲食的類型，且回程時不太會要求顧客洗手或消毒，因此注意點比較好。

即使是在家中飼養的寵物，或許有人認爲「明明和家人一樣，怎麼可能不乾淨」，或「養在室内所以很乾淨」，總之要**特別注意抵抗力較低的小孩、嬰兒、高齡人士**。要小心別讓嬰兒直接接觸到寵物的排泄物，小孩或高齡人士觸碰寵物後，在吃飯前要洗手，不要觸碰嘴巴，這些事都要好好遵守才行。

47 為什麼雞肉一定要煮熟？《曲狀桿菌》

大多從雞肉感染，也會從寵物身上傳染的細菌就是「曲狀桿菌」。雖然曲狀桿菌也廣泛分布在牛肉和豬肉上，但為什麼雞肉特別危險呢？

◎ 什麼是曲狀桿菌？

各位一定有聽過身邊的人說：「吃雞肉結果中標了」吧！我自己也曾經在雞肉專賣店吃了「生雞肉」過一陣子後，出現嚴重痛苦的下痢、噁心等腸胃炎症狀。

曲狀桿菌是廣泛分布在牛、豬、鳥類及寵物消化道上的細菌。雖然這些家畜也會出現腸胃炎，但也會感染之後無症狀，這種家畜的**排泄物就會藉由汙染的食品或水感染人體**。

由於幼童的抵抗力差，和這類動物接觸時有時也會不小心感染。在動物園的互動區，都會標示「觸摸動物後要洗手」，這麼做的目的是要預防曲狀桿菌之類的細菌感染。

◎ 為什麼會從雞肉傳染？

雖然看似所有肉類都會成爲感染源，爲什麼雞肉最容易成爲感染源呢？只要看店舖內擺出來的肉就知道了。豬肉和牛肉都會切成肉片販賣比較多，另一方面，雞肉卻是帶皮販賣的呢。**這種帶皮的部位（雞皮毛孔的部位）就會有曲狀桿菌殘留在上面**。一般認爲，在沒有煮熟的情況下，就會感染人類。

雖然有一部分的店家，會將雞里肌切片以生雞肉片的形式販賣，但生食這種肉會有危險。由於內臟上頭也有細菌附著，以前就有出現過來自生牛肝（生吃牛肝）的感染。

除了生食以外，在處理肉的過程，也會透過砧板、菜刀、手傳染。因此，必須仔細清洗處理肉的廚具、消毒。

◎ 烤肉或 BBQ 時要小心

曲狀桿菌主要流行期間是在 5 月到 7 月左右，在旅遊季節到郊外烤肉時要格外小心，注意備料時別和其他種類的肉混在一起，不可共用相同的廚具（砧板、菜刀等）。接著，連皮的部位都充分煮熟後再吃吧。

◎ 也會和其他腸胃炎混淆

曲狀桿菌主要的症狀是嚴重的腸胃炎。有劇烈腹痛和下痢的情況要馬上去看醫生。

這種時候必須特別小心的，就是會和其他種腸胃炎混淆。
其實 10 月左右也是曲狀桿菌的流行期，有時會和諾羅病毒或輪狀病毒等傳染性腸胃炎混淆。這種病毒引起的傳染病，抗生素沒有效，因此只能進行對症療法。

不過，曲狀桿菌是細菌，因此必須用抗生素治療。因此如果有感染的疑慮，務必要去醫院檢查，跟醫生說明症狀。

牛肝也有曲狀桿菌
附著，所以不可以生吃！

要特別注意抵抗力差的
幼童或老人家等。

◎ 難以計算的潛伏期

話說回來，曲狀桿菌從感染到發作的潛伏期大概多久呢？

一般而言大約 2 天。不過，曲狀桿菌的繁殖速度慢，**較長的時候，也有過 7 天左右才會發作**。如此一來，就很難注意到是「上週吃的烤雞肉造成腸胃炎」。特別是幼童或高齡人士的食物中毒要特別留意才行。

48 不清楚感染途徑？《病原性大腸桿菌》

以 0157 為首的病原性大腸桿菌，在 1996 年成為日本的法定傳染病。感染途徑大多不明，也發生過大規模的食物中毒事件。接著，我們就來看種類和注意事項吧！

◎ 什麼是病原性大腸桿菌

大腸桿菌是生存在家畜或我們大腸中的常駐菌。雖然大多無害，其中也有讓人類引起下痢等症狀的桿菌[*1]。

大致上分爲五種，分別是腸病原性大腸桿菌（EPEC）、腸侵襲性大腸桿菌（EIEC）、腸毒素性大腸桿菌（ETEC）、腸内附著性大腸桿菌（EAggEC）及腸道出血性大腸桿菌（EHEC）。前四種會引起下痢、腹痛等症狀，是發展中國家嬰幼兒下痢的主因。

其中病原性最強，必須格外注意的就是**腸道出血性大腸桿菌**。

◎ 腸道出血性大腸桿菌

腸道出血性大腸桿菌，會釋放出強力的**綠猴腎細胞毒素(verotoxin)**。這種毒素和志賀氏菌產生的毒素類似，本身沒有大腸菌帶有的基因，一般認爲是噬菌體[*2]感染大腸桿菌後而衍生獲得的物質。

*1　現已知有 170 種左右。
*2　噬菌體是感染細菌的病毒總稱。

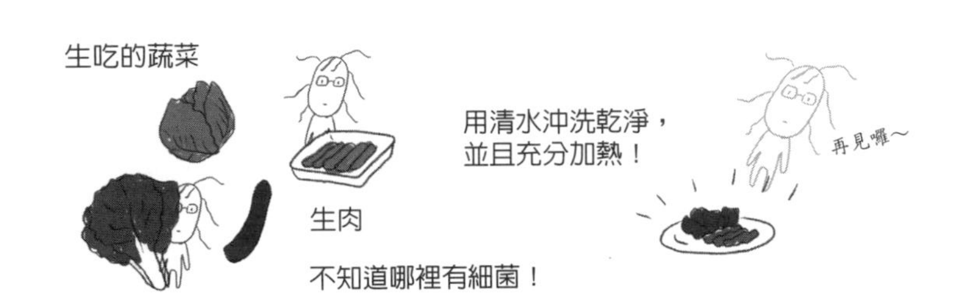

腸道出血性大腸桿菌的綠猴腎細胞毒素，會引起伴隨出血的腸炎或溶血性尿毒症（HUS）[*3]，可能會出現嚴重的血便、併發症而造成死亡。

大腸桿菌的潛伏期間為 3 ～ 8 天，而且**已知只有 100 個左右的少量細菌侵入體內也會感染**。沙門氏菌的話，要 100 萬個左右的細菌入侵才會成立感染，代表腸道出血性大腸桿菌只要有一萬分之一的數量就會造成感染。

除了吃生肉、沒有充分加熱、蔬菜水果以外，藉由冰箱、廚具、手指碰觸其他食品使得細菌附著，也會造成感染。過去曾發生過如馬鈴薯沙拉等配菜類成為感染的原因。料理時要充分加熱、把手洗乾淨、魚貝類和肉類的保存、料理要區分，進行調理器具的洗淨和消毒等，都是必須注意的地方。

另外，烤肉時要注意非加熱的食材和加熱過的食材以及用餐器材（筷子）要做好分類。特別是抵抗力差的人、嬰幼兒、高齡人士，感染腸道出血性大腸桿菌以外的病原性大腸菌也容易惡化，要注意肉品在充分加熱後才能夠食用。

*3 溶血性尿毒症（HUS）在腸道出血性大腸癌一部分病患中，會慢幾天出現，引起腎臟機能衰退（溶血性貧血、血小板減少、急性腎衰竭）等症狀。

◎ 難以判斷的感染途徑

由於潛伏期間長，些許的細菌就能夠感染，因此難以判別病原性大腸桿菌的感染途徑。

1996 年，在大阪府堺市發生的 0157 集體感染，出現了以兒童爲中心，將近 8000 名感染病患，超過 1500 名家人出現二度感染，共有 3 名兒童因此死亡。

此時雖然公布了推測非加熱食材的白蘿蔔豆苗或許是原因，根據之後的調查，從栽培設施或食材並未檢驗出 0157。

當時陸續出現栽培業者破產，甚至有人自殺而騷動一時，而官員在媒體前食用豆苗力挺後，業者亦提出訴訟，而國家敗訴，當時報導造成的負面影響非常嚴重。

另外，在這集體感染 19 年後，在 2015 年也出現後遺症而死亡的病患，現在也有多數病患必須持續接受治療。各位最好有所瞭解，這並非只是一時性的感染，也會**造成長期的後遺症**。

◎ 注意二次感染或來自家畜的感染

其他也發生過共用感染者的毛巾而出現二度感染的情況。由於病原性大腸桿菌和沙門氏菌同樣會從家畜身上傳染，因此觸摸動物之後，一定要洗手。

49 酒精消毒沒有用？《諾羅病毒》

透過冬季食材牡蠣引起的腸胃炎（食物中毒），就是諾羅病毒。接著，我們就來看偶爾會集體感染的諾羅病毒特徵和應對方法吧。

◎ 牡蠣和諾羅病毒

原因來自於食物的諾羅病毒傳染病，容易發生在生食含有病毒的牡蠣之類的雙殼綱貝類，或沒有充分加熱就食用的情況。

你知道市場賣的牡蠣有「生食」和「熟食」的區別嗎？這是由野生（養殖）牡蠣的海域或處理方法而區分。

牡蠣等雙殼綱生物是濾食性動物，會將海水內的有機物過濾後當作食物。因此，都市附近排水中含有的諾羅病毒也會聚集起來，囤積在貝類中。生吃含有這種病毒的牡蠣就會感染。因此，在家庭排水、工業排水流域附近，或水質檢測未達生食基準的環境下生產的牡蠣就會作爲熟食用的種類出貨。

雖然這些場所的牡蠣，也會藉由放置在有紫外線殺菌系統的海水中，在規範的時間內淨化處理後，就能以生食用的種類出貨，但由於殺菌後的海水中沒有牡蠣的食物，也有人反應淨化處理後的牡蠣又瘦又不美味。

相對地，生食用的牡蠣，會在指定爲可生食用出貨的海域捕捉（養殖），由衛生所確認細菌數在食品衛生法基準以下就可出貨。由於並非以鮮度，而是以細菌數作為規範，因此加熱用的牡蠣不管再怎麼新鮮，也不可以生食。

◎ 二度汙染和空氣汙染

諾羅病毒造成的感染或食物中毒會在 11 月左右增加。**諾羅病毒的特性之一是感染力強，只要 10 ～ 100 個左右的病毒進入體內就會造成感染**。

感染後 1 ～ 2 天會出現嘔吐、嚴重下痢、腹痛。諾羅病毒也會經由病毒附著的廚具、感染者的嘔吐物、糞便等途徑感染。特別是幼兒突發性的大量嘔吐，**這種嘔吐物清理不完全的情況，乾燥後飛散在空氣中的微小嘔吐物，就會造成大量的感染者**。

諾羅病毒也很耐消毒液，我們經常用的酒精消毒並不會讓病毒的感染性消失，必須用肥皂仔細洗手，徹底消毒才行。

地方的衛生所都會發放宣導手冊，另外在冬天也會舉辦應對措施的講座，都可以參考看看。

【嘔吐物的處理方法】

① 清理時要戴上拋棄式的手套和口罩。
② 被糞便或嘔吐物汙染的地板，要用沾有氯消毒液的抹布擦拭，放置一陣子後再消毒。
③ 糞便或嘔吐物要用衛生紙擦拭。
④ 髒汙的抹布要浸泡在氯消毒水中消毒。
⑤ 用過的手套、口罩等，要密封在塑膠袋中。

◎ 即使症狀消失後也要小心

出現感染者時，餐具、衣物、感染者觸摸過的門把等，都要用**氯消毒液**消毒，毛巾或亞麻布料必須分開清洗，如此就能防止感染擴大[*1]。另外，**即使症狀消失後，約2～3週都會持續排出病毒**，因此清洗幼童糞便時，要注意別讓感染擴大了。

很遺憾地，由於諾羅病毒在實驗室的培養基內難以繁殖，因此現在疫苗尚未問世。不過，因爲市面上有販售快速檢測棒，診斷變得容易許多[*2]。

萬一疑似感染諾羅病毒，最重要的是先去看醫生，接受診斷。因爲私自判斷而買成藥服用，或懷疑是別種傳染病的情況，可能會錯失診療黃金期而導致症狀惡化。

*1　可以用水稀釋含有次氯酸的家庭用氯漂白劑，以當作氯消毒水使用。
*2　不過由於感度不精準，並不代表能夠確實診斷所有的諾羅病毒感染症。

50 病毒性腸炎是症狀最嚴重的腸炎？《輪狀病毒》

輪狀病毒和諾羅病毒同樣是因急性腸胃炎而廣為人知。讓我們來看看輪狀病毒和諾羅病毒有哪裡不同，以及該注意的地方吧！

◎ 5 歲以下的幼童幾乎都感染過？

輪狀病毒會引起嬰幼兒的急性腸胃炎，自古以來叫做小兒假性霍亂或白色便性下痢症，一直令人感到恐懼。在病毒性腸胃炎中症狀最爲嚴重，會伴隨急性脫水症狀，在醫療制度完善前，曾奪走許多幼童的性命，是個可怕的傳染病。到了現在，**也在必須住院的小兒急性腸胃炎中占了半數**。

在日本，輪狀病毒感染的高峰期爲 2 月到 5 月，比起從 11 月到 2 月左右的諾羅病毒感染高峰期還晚。輪狀病毒的感染力非常強，據說在已開發國家，**5 歲以下的幼童幾乎都感染過**。

感染後，經過 1 ～ 4 天的潛伏期後，會出現下痢、嘔吐、發熱等症狀，若不接受治療，有時會因脫水而引起痙攣、休克。不僅如此，有時還會出現併發症，如腎臟發炎、腎臟衰竭、心肌炎、腦炎、溶血性尿毒症（HUS）、瀰漫性血管內凝血（DIC），以及腸套疊（Intussusception）[*1]。

*1 是近端的腸子套入遠端的腸子內，因而造成腸子阻塞的病症；大部分的腸套疊爲迴腸－結腸型約占 80% 至 90%、盲腸－結腸型約占 15%，其餘較少見的是小腸和小腸型。（資料來源：http://www.kmuh.org.tw/www/kmcj/data/9807/9.htm）

由於只感染過一次輪狀病毒，還無法有充分的免疫，有時也會在症狀變輕的時候，重複發作好幾次。雖然一般認爲成人不太發作，這幾年還是有出現成人的集體感染或食物中毒。

◎ 也有開發疫苗

輪狀病毒和諾羅病毒同樣都有開發出快速檢測棒，因此在醫院中的診斷變得容易。不過，由於快速診斷有敏感度的問題，無法確實診斷出所有的輪狀病毒感染症。

另外，雖然沒有抗病毒藥能抑制輪狀病毒，不過**有開發出非定期接種的疫苗**。在日本已經許可羅特律（Rotarix）和輪達停（RotaTeq）這兩種口服疫苗上市，也有意見指出今後也鼓勵注射。如果家裡有幼童，最好跟醫師商量一下。

◎ 防止感染

輪狀病毒和其他病毒性疾病一樣，洗手和消毒都很重要。輪狀病毒和諾羅病毒同樣都有強烈的感染力，10 ～ 100 個左右的少量病毒進入體內也會造成感染。和諾羅病毒一樣，感染者的嘔吐物和糞便，都得妥善處理。

輪狀病毒的感染者即使症狀抑制後，也會持續 1 週左右慢慢排出病毒。另一方面，由於**輪狀病毒能用消毒酒精消滅**，因此比諾羅病毒還更容易對付。

51 「新鮮的食品」也會感染嗎？《A 型、E 型肝炎病毒》

引起肝炎的病毒，按照發現的順序，分成 A 型到 E 型。以血液或體液為媒介而感染的 B 型或 C 型很有名，而 A 型和 E 型則會透過食物感染。

◎過去有許多人罹患 A 型肝炎

A 型肝炎是一種暫時性的傳染病。雖然 A 型肝炎不會變成慢性疾病，不過在衛生環境不佳的東南亞、非洲、南非各國，現在也有許多人感染。由於日本過去也出現大範圍的流行，因此有許多 60 歲以上的日本人身上有免疫抗體（曾經感染過）。

A 型肝炎感染者的糞便所含有的病毒，會透過水、蔬菜、水果、魚貝類等途徑經口腔傳染。據說熱帶和亞熱帶等飲料保存不易的地區，感染風險較高。

在日本的感染途徑並非水或蔬菜，病毒汙染的生食，或沒有充分加熱的魚貝類才是主要原因。

在都市近郊釣的魚貝類有可能受到汙染，因此不要生吃，要煮熟後再吃。另外，爲了不讓病毒透過處理過汙染的魚貝類的廚具，轉移到別的食品上，注意蔬菜類或生吃的食物要先處理，用過的廚具要仔細清洗，盡可能要用熱水消毒。

◎E型肝炎來自豬或野生鳥肉

最近，能夠吃到打獵獵到的肉（gibier[*1]）機會增加了。雖然驅除有害鳥類，並且把獵到的肉吃掉可謂多多益善，不過如果生吃或吃未煮熟的野豬、鹿、養殖豬等動物的肉或內臟，有時會因此而感染E型肝炎。

調理這類肉品時要注意把手洗乾淨或徹底消毒，不要直接生食，肉要充分加熱全熟爲佳。雖然也有意見指出，如果是鮮度佳的食物，就算直接生吃也沒關係，不過病毒的感染和鮮度毫無關係。

在日本，不僅有因吃生肉或生豬肝而驗出E型肝炎病毒的案例，也有生吃野豬肝臟而導致急性肝炎進而死亡的案例。其他還有可能導致寄生蟲的感染，因此要注意不要生吃沒煮熟的食物（包含一分熟的獵鳥獸肉或三分熟的牛排）。

另一方面，E型肝炎很少有人傳人的例子。不過，病毒感染的人或動物糞便汙染的生水或生食很危險。在都市，有時排水也會滲入地下水。一般認爲亞洲主要的流行性肝炎的病因病毒主要是E型，而在E型肝炎流行、發生的地區要避免喝生水或吃生食。

*1 指食用打獵獵到的禽獸類的肉。

52 自來水會成為食物中毒的原因？《隱孢子蟲病》

隱孢子蟲病有時會透過自來水或食品引發大規模的感染。瘧疾或阿米巴痢疾的病原體同樣都是「原蟲」。

◎ 什麼是隱孢子蟲病

隱孢子蟲病[*1]以寄生在家畜或寵物腸道的原蟲（原生生物）廣爲人知，1976年第一次出現人類感染的報告。1980年代以在後天性免疫缺乏症候群（AIDS）病患身上引起致死性下痢的病原體而備受矚目，之後，也知道健康的人同樣也會引起嚴重的下痢。

最廣爲人知的集體感染，就是1993年在美國威斯康辛州的密爾瓦基市所發生的事件——共有160萬人成爲帶原者，有40萬人以上感染，4400人住院，數百人死亡，是前所未見大規模感染，成爲嚴重的社會問題。

在日本，1994年在神奈川縣平塚市的住商混合大樓發生的集體感染（461人發病），1996年埼玉縣入間郡越生町的町營水道成爲汙染源的集體感染（8800人發病），這些自來水被汙染的案例都讓國家得趕緊採取對策才行。

*1 隱孢子蟲病是由一種叫微小隱孢子蟲（Cryptosporidium parvum）所引起的傳染病，而其他品種的隱孢子蟲亦偶然會引起此病。通常在感染7天後會出現腹痛、水瀉、嘔吐及發熱等症狀。現在並沒有預防疫苗，應注意食物及個人衛生，較有效的預防方法是使用1微米的過濾器或把水煮沸。（資料來源：https://www.travelhealth.gov.hk/tc_chi/travel_related_diseases/cryptosporidiosis.html）

◎ 有在改善的自來水管線

由於隱孢子蟲病即使經過氯消毒也不會喪失感染性，因此必須用物理性的過濾方法應對。不過，小規模的水管設施追加建設是一筆不小的成本，因此遲遲無法有所進展。

這幾年，得知紫外線處理有成效，在 2007 年厚生勞動省的省令修改，規定「自來水中隱孢子蟲病等對策指南」。

到了 2017 年，已經有 97.3％（供水人口爲基礎）的設施應對完畢。

另外，從地區病患的糞便檢測出隱孢子蟲病，自來水成爲感染源疑慮的情況時，當地政府機關需要呼籲自來水用戶，並且進行飲用的指導。我們必須注意這類呼籲，萬一有感染的通報，一定要將水煮沸之後再喝。

53 從肉眼或味道無法判斷？《貝類中毒、雪卡毒魚類中毒》

食用貝類或魚類時而引起食物中毒之中，有叫做貝類中毒或雪卡毒魚類中毒的症狀。即使充分煮熟也無法避免，外表和味道都沒有改變是這種毒的特徵。

◎ 撿貝殼會引起食物中毒？

我們可以在海邊輕易撿到大海中的蛤仔、蜆、綠殼菜蛤（類似殼菜蛤的貝類），不過偶爾會發生食物中毒的情況。2018年3月，發生食用在大阪灣撿到的蛤仔後，出現麻痺性貝類中毒的食物中毒，甚至有人住院。爲什麼會發生這種事呢？

在東京灣或大阪灣，偶爾會因爲優養化[*1]而發生赤潮現象。這種赤潮中，含有渦鞭毛藻在內的有毒浮游生物，量一增加就會殺死貝類或魚類。不過，如果濃度未達到殺死魚貝類的情況，這些毒素就會累積在魚貝類的體內，這種情況就叫做貝類中毒。

*1 優養化指含有許多有機物和氮化合物的狀態。都市廢水之類的營養成分供給過剩，就會大量產生浮游生物，形成海水看似紅色的赤潮。

吃下含有毒素的貝類，就會因爲「麻痺性貝毒」造成手腳麻痺，嚴重時甚至會因呼吸麻痺而導致死亡。貝類中毒中還有「下痢性貝毒」，這種毒會引發水便的下痢、腹痛、嘔吐，但是不會導致死亡。

貝類可能擁有毒性的情況，海岸的管理單位會呼籲民眾自律，這段期間就別撿貝殼吧。另外，由於漁夫捕捉到的貝類有食品安全管理，因此市售的貝類幾乎不會出現貝類中毒的受害者。

另外，由於大多數的商業撿貝殼活動，是先買貝類撒在沙灘上，因此這種情況也不需要擔心。

◎ 雪卡毒魚類中毒

雪卡毒魚類中毒主要出現在熱帶，在日本的沖繩縣就時常發生。和貝類中毒的原因同樣是渦鞭毛藻，貝類和魚（食藻魚）會吃下附著在海藻上的渦鞭毛藻，使得毒素囤積在體內，接著肉食魚類吃下這些生物，毒就會繼續累積在其體內（生物累積性）。

食用星點笛鯛的同伴（白斑笛鯛、單斑笛鯛），石斑魚的同伴（星鱠、清水石斑魚、棕點石斑魚、藍點刺鰓鮨）、斑石鯛、爪哇裸胸鯙等魚類也會引發症狀。

以**溫度感覺異常**的神經症狀爲中心，即使觸碰熱的物體也會感覺冷，且會產生搔癢感（發癢）、肌肉痠痛、關節疼痛、頭痛、消化道的症狀等，不過死亡案例極爲稀少（然而，國外有案例）。

雪卡毒魚類中毒的受害復原很慢，有時得花上好幾個月，因此要特別注意。

雖然釣客間會流傳，把魚冷凍毒素就會消失，太瘦的魚有毒，或用顏色能夠區別等等，不過這些傳聞已被全盤否定，用外觀區分是不可行的。不去吃有毒案例報告的魚是最妥善的做法吧。

這幾年，在日本本州也越來越多因食用斑石鯛而出現雪卡毒魚類中毒的情況。另外，隨著地球暖化，海水溫度上升，也有人指出，渦鞭毛藻的分布可能正在往北前進。

◎ 即使煮熟，毒素也不會消失

貝類毒和雪卡毒都很耐熱，即使加熱毒素也不會消失。另外，由於不會讓味道有所改變，因此就算吃進毒素也不會被注意到。

到現在日本本州，除了多起食用斑石鯛而出現雪卡毒魚類中毒的案例，黃條鰤、鰤魚、杜氏鰤等一般魚類，也開始有雪卡毒魚類中毒的報告。由於地方單位或研究機構都會發布有毒案例相關事項，特別是有在釣魚的人，要注意自己釣魚地點的有毒案例，若出現符合的案例，必須注意避免食用。

54 能產生天然且最毒的致癌物？《黴菌毒素》

喜愛潮濕環境的黴菌會生長在各種地方，有時也會對人類造成傷害。為了不遭受黴菌毒素的危害，重要的是瞭解黴菌生態，不讓黴菌繼續生長。

◎ 黴菌喜歡潮濕的環境

由於日本氣候溫暖且溼度高，對黴菌而言就像天國一般的地方。黴菌很喜歡麻糬、麵包、點心等含有葡萄糖的食物，也會生長在我們的汙垢、衣服、浴室等處。

由於黴菌生存在各個地方，因此我們不可能過著和黴菌毫無關係的生活。黴菌也會製造味噌、醬油，或分解生物屍體，爲人類帶來幫助；另一方面，也是產生毒素而造成疾病或中毒的原因。接著，讓我們來看看黴菌毒素的種類，以及不遭受其危害的注意事項吧！

◎ 會致癌的最強黴菌毒素

麴菌是自然界中最普遍的黴菌，其中米麴菌（aspergillus oryzae）是釀造不可或缺的要素。不過，近緣種的黃麴黴菌（aspergillus flavus）會製造出**黃麴毒素**，只要微量就會引起肝癌[*1]。黃麴毒素有好幾個種類，其中黃麴毒素 B1 被稱爲**天然且最強大的致癌物**。

在莫三比克共和國和中國的部分地區，以極高的肝癌發生率而廣爲人知，一般認爲，原因就是黃麴毒素汙染食物。

*1　米麴菌是基因等級的菌類，已知不會產生黃麴毒素。

全球偶爾會出現玉米、香辛料、堅果類被汙染的情況，在日本也有進口的稻米產品被汙染的報告。由於日本相當依賴糧食進口，不讓受到黃麴毒素這種黴菌毒素汙染的進口品在國內流通的應對措施就顯得很重要。

◎ 在日本要注意紅黴菌感染

由於 flavus 種的黃麴黴菌主要生存在熱帶或亞熱帶地區，因此日本的農作物幾乎不可能被汙染。相對地，在日本偶爾會出現紅黴菌的汙染及中毒。

紅黴菌是鐮孢菌屬（fusarium），在小麥開花、結實的季節遇到連綿雨天，就會有紅黴菌附著在上頭、進而繁殖，而食用這種被汙染的小麥就會引起中毒。

中毒的原因，是脫氧雪腐鐮刀菌烯醇（deoxynivalenol）、雪腐鐮刀菌烯醇（nivalenol）等黴菌毒素。萬一這些黴菌毒素混入小麥粉中，在烤麵包的溫度或時程並不能分解。紅黴菌也會產生其他好幾種黴菌毒素，由於能夠在高溼度的環境下長期生存，因此保存食品、蔬菜、水果時必須得充分注意。

◎ 如果麻糬長出黴菌

即使在冬天，把麻糬放在通風良好的房間，只要放置 1 週左右就會長黴菌。其中最多的是**青黴菌（penicillium）**，偶爾會有**枝孢菌（cladosporium）**和**毛黴菌（mucor）**。爲了不讓黴菌生長，保持黴菌無法繁殖的環境很重要，過去會將麻糬乾燥做成欠餅、冰餅（凍みもち）、水餅（みずもち，在寒冷的時期將餅放入水中）就是這個緣故。

現在的社會冰箱已經很普及，將麻糬放入冷凍庫是最佳的保存方法。只要冷凍就不會長黴菌，用塑膠袋密封冷凍保存的話，就能隨時吃到好吃的麻糬。

那麼，該怎麼處理長黴菌的麻糬呢？即使去除肉眼能見的黴菌，然而在看似沒有長黴菌的地方也會有菌絲附著。雖然覺得很浪費，不過最好不要吃長了黴菌的麻糬。

◎ 長在浴室牆壁、食品、衣服等處的枝孢菌

枝孢菌是在時常在浴室牆壁上看到的黑色黴菌，也會生長在許多食品或衣服上。飄散在空氣中的黴菌中，最多的就是枝孢菌，也是引發過敏疾病的原因。

一般認爲，枝孢菌在浴室中會把肥皂、清潔劑當作營養源繁殖。枝孢菌在有熱水濺過的地方較少，是因為無法在超過 30 度的環境生存。

用酒精或熱水擦拭，可以有效殺死枝孢菌，但無法去除黑色髒汙。要恢復潔白，可以用含有次氯酸的的去黴劑。爲了不讓黴菌附著，入浴後要將肥皂或汙垢清洗乾淨，打開窗户或門通風，不讓濕氣留在浴室裡是最有效果的。

第 6 章
引發「疾病」的微生物

55 兩者的不同之處？《感冒和流行性感冒》

感冒和流行性感冒的症狀雖然很類似，發病原因卻是完全不同的病毒。為什麼我們偶爾會染上感冒或流行性感冒呢？

◎ 感冒和流行性感冒不同

感冒是大人小孩最容易感染的疾病，據說每個人一生中，每年都會染上 2 ～ 5 次的感冒，症狀有流鼻水、鼻塞、喉嚨痛、咳嗽等，也會出現發燒或不適感，不過症狀輕微，就算不用治療，經過 3 天到 1 週左右就能痊癒。

流行性感冒會突然引起 38 度以上的高燒，也會伴隨頭痛、肌肉及關節疼痛等症狀，不適感比感冒嚴重。雖然流行性感冒的症狀很難受，一般而言 1 週左右就能治好。下表就列出感冒和流行性感冒的症狀。

症狀	一般感冒	流行性感冒
發燒	稀少	一般（39 ～ 40 度）突然開始
頭痛	稀少	一般的
一般的不安感	些許	一般：偶而會變嚴重，同時變衰弱
鼻水	一般（常見）	比一般還少（並非常見的症狀）
喉嚨痛	一般（常見）	雖然很少見，一般都會痛
嘔吐或下痢	稀少	一般

出處：Brock《微生物學》Ohmsha 出版社（2003 年）第 946 頁，部分變更

◎ 我們為什麼偶爾會感冒？

感冒的原因是病毒。大部分的感冒是由鼻病毒(rhinovirus)的感染導致，至今總共出現100種以上的類型。接著最多的是冠狀病毒（coronavirus)，占了感冒原因的15%，其他還有腺病毒（adenoviridae)、克沙奇病毒（coxsackievirus）和正黏液病毒（orthomyxoviridae）也會引起感冒。

與感冒原因相關的病毒有200種以上，即使對感染過的病毒有所免疫，另外還有許多未感染過的病毒，因此我們都會重複感冒[*1]。感冒是會自然治癒的疾病。感冒的治療只有對症療法，重要的是休息、保溫、攝取水分和營養。感冒時進行的檢查，是爲了區分是否有其他嚴重的疾病。如果感冒症狀持續1週以上，曾經減輕卻又再度惡化，或出現38度以上高燒的情況，就必須再次去看醫生。

感冒症狀讓人很難受時，醫生就會開處方藥減輕這些症狀。由於感冒的原因是病毒，因此抗生素沒有效，即使開抗生素也無法盡早醫治，還會產生副作用或抗藥菌（抗生素殺不死的細菌）等危害性的問題，因此感冒不可以用抗生素治療。

◎ 流行性感冒是全身性疾病

流行性感冒會引起下半身的寒氣，或膝蓋到大腿的不適感，接著會突然出現超過39度的高燒症狀、四肢的肌肉和關節會持續疼痛，不適感會逐漸增加。此時，流行性感冒病毒會廣泛引起氣管（從鼻子到喉嚨的空氣管道）黏膜上皮細胞的感染。在這2～3天前，恐怕有傳染的機會。

*1　年紀越大越不會感冒，是因爲對感染過的病毒免疫。

流行性感冒會引起這麼痛苦的症狀，是因爲免疫系統總動員對抗病毒，誓死作戰，接著這場戰鬥連帶引起激素異常分泌、代謝障礙、壓力性反應等症狀，也就是會出現「流行性感冒是全身性疾病」的情況。

◎ 流行性感冒很容易誕生新的種類

流行性感冒是單鏈的 RNA 病毒。因此，原本就比 DNA 病毒更容易產生變異，而流行性感冒病毒基因的特殊結構 [*2] 更容易發生變異，因此很容易出現新的病毒。這種情況使得我們難以透過疫苗接種預防流行性感冒（如估測錯誤的病毒標的）。

流行性感冒病毒疫苗，即使無法完全預防感染，但一般認爲也有「防止高齡人士或因疾病而體衰病患的症狀惡化，能提高存活率」的作用。我們期待今後能開發出「有效」的疫苗。

◎ 加溫和加濕能抑制流行性感冒的感染

到了冬天，流行性感冒的盛行是因爲氣溫和溼度低的緣故，但實際上眞的是這樣嗎？以改變氣溫和溼度的實驗來調查流行性感冒病毒生存率可知，將氣溫維持在 20 ～ 24 度，即使溼度下降，病毒的生存率也不會降低。也就是說，**寒冷氣候和病毒的生存率無關**。其實現在已知，和病毒的生存率息息相關的就是絕對溼度 [*3]。由於絕對溼度的變化和氣溫的變化很類似，所以寒冷看似和病毒生存率有相關。（右圖是調查兵庫縣兩個地方的結果）只要在房間裡開暖氣或加濕，提升絕對溼度，就能夠降低流行性感冒病毒的感染力。

*2　基因分爲 8 個部分，每個部分都能輕易和其他病毒的部分交換。
*3　絕對溼度指每立方公尺（m^2）的空氣中含有的水蒸氣含量，以公克（g）爲單位表示。

各定點流行性感冒病患人數和絶對溼度、氣溫、相對溫度的關係

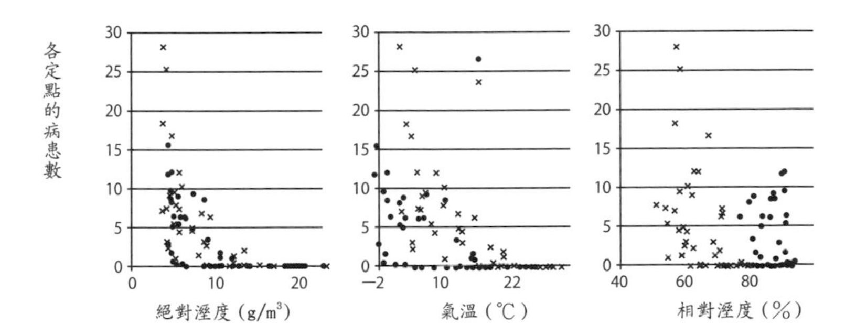

出處：植芝亮太「學校藥劑師工作中利用絕對溫度的建議」YAKUGAKU ZASSHI Vol.133,No.4，第 479-483 頁（2013）圖部分變更

56 現在全球每年還有數百萬人因此死亡？《結核菌》

過去日本人將肺結核稱作「國民病」，死因排名為第 1。雖然用藥物能夠治好，不過抗藥菌出現之類的因素，使得肺結核並沒有成為「過去的疾病」。

◎ 什麼是肺結核？

肺結核是名為結核菌的細菌所引起的疾病。羅伯・柯霍（Robert Koch）在 1882 年的時候，發現結核菌[*1]。

過去，對人類而言肺結核是最主要的傳染病，在全球死因中占了七分之一。日本直到 1950 年為止，排名第 1 的死因就是肺結核，過去也被稱爲「國民病」。

由於肺結核而過世的年輕人很多，樋口一葉（1872~1896 年，日本女性小說家）享年 24 歲、石川啄木（1886~1912 年，日本詩人、小說家、評論家）享年 26 歲、正岡子規（1867~1902 年，日本俳句詩人）享年 34 歲。

約 70 年前，結核病還被視爲「不治之症」，不過 1994 年發現鏈黴素抗生素後，化學療法逐一誕生，成爲「能治療的疾病」，病患人數越來越少。

那麼肺結核已經成爲歷史了嗎？並非如此，全球每年約有 300 萬人因肺結核死亡，占了總死因的 5%。在日本，每年約有 2 萬新病患，約 2000 人左右因此死亡。

*1　1997 年，世界衛生組織（WHO）將發現結核菌的日期 3 月 24 日訂定爲世界肺結核日。

◎ 雖然肺部最多結核菌，不過結核菌也會侵犯其他內臟

結核病發病的病患只要咳嗽或打噴嚏，含有結核菌的飛沫就會飛散開來（指將「細菌排出體外」），其他人吸入這些飛沫後就會引起「感染」。感染之後，結核菌會在肺部等內臟開始活動，細菌繁殖後破壞體內組織就叫做「發病」。大部分感染者都不會發病，其中只有一成左右的病患會發病。

結核菌在肺部發病後，會擴大範圍地破壞組織，使呼吸能力越來越低，如果不治療，就會造成肺出血、咳血、窒息等症狀，結核菌會擴散到身體各個角落，有極高的死亡機率。

另一方面，沒有發病的情況，感染會只停留在局部。大多情況下，會因身體的抵抗力而把結核菌趕出體外，不過有時細菌也會頑強地生存在人體內，這種時候，免疫系統的細菌就會將結核菌包圍住形成「核」。肺結核這個名字，就是由「核」而來的。

◎ 工業革命帶來肺結核的大流行

2008 年，從埋藏在以色列沿岸的 9 千年前的女性和幼童這兩具屍骨中，發現肺結核的痕跡。另外，1972 年發現的中國馬王堆漢墓（西元前 168 年），也從埋葬的女性木乃伊中找到結核的病變。人類自古以來就爲肺結核所苦，不過卻是來到近代以後，才開始大流行。

18 世紀，英國開始工業革命之後，人口開始往都市集中，勞動條件不佳，居住環境也不衛生、越來越惡化。在這種背景下，英國開始盛行肺結核。在工業革命拓展到其他國家之後，肺結核也從英國擴大到全世界。

日本明治時期，都市開始發展，在工廠近代化開展中，也和英國一樣開始流行肺結核。在富國強兵政策中，人民被迫處在嚴苛的勞動環境生活，許多年輕女性因肺結核倒下、過世，從文學作品《女工哀史》（1925年）、《啊，野麥峠》（1968年）中可瞭解這些情況。

◎ 用IGRA檢驗感染，用X光檢查和細菌檢驗瞭解發病

肺結核的檢驗中，有身邊出現肺結核病患時的「感染」檢驗，以及懷疑有症狀時的「發病」檢驗。

檢測感染的代表性檢驗，就是IGRA（丙型干擾素血液測驗Interferon-gamma release assay），此檢驗對結核菌的特異性高，不會對BCG（幼兒時期接種的結核疫苗）有所反應。IGRA檢驗若爲陽性，代表感染肺結核的可能性極高。過去的結核菌素皮內測試（Tuberculin Skin Test，TST）即使呈現陽性，卻無法判斷是感染結核病還是BCG的影響，因此現在不太用這種檢測方法。

判斷肺結核是否發病時，會用X光的影像診斷或細菌檢驗判斷。照射胸腔X光後，如果有可疑的陰影，就會做CT等精密檢查。在痰液檢查中，能夠知道肺結核菌是否有在排菌。

由於結核菌繁殖速度慢，在培養基中培養得花上好幾個星期，因此才開發出增幅細菌基因的檢驗方法，最近只要花費數小時就能夠判定。

從第一次感染肺結核經過幾年後，來自外界重新感染，或肺部免疫系統的細胞抑制住的細菌再次活化，會使得肺結核再次發病（二度肺結核）。

老化、營養不足、過勞、壓力、激素均衡失調等都是二度罹患肺結核的主因。

肺部的感染再次出現後，大多情況是慢性感染逐漸惡化，肺部組織會被破壞。之後，即使暫時恢復，被感染的部位也會鈣化。

◎ 重要的是好好服藥

肺結核能夠服藥醫治。重要的是遵守醫師指示服藥，即使治療完畢，也要繼續服藥。

肺結核現在也正在奪走許多人的性命，不過爲什麼會這樣呢？原因之一，就是抗結核藥無效的「抗藥菌」出現的緣故。如果在治療途中停止服藥，或沒按照醫師指示服藥，結核菌有時會因此出現抗藥性。

雖然肺結核的治療期間很漫長，但爲了不產生抗藥菌，最重要的是依照醫師指示繼續服藥。

57 證明了 DNA 基因說？《肺炎球菌》

至今約 70 年前，DNA 基因的真面目被解開了。在這個研究中擔任重要角色的，是引起肺炎的細菌「肺炎球菌」。

◎ 什麼是肺炎？

肺炎是細菌和病毒等微生物在肺部引起炎症的疾病。細菌和病毒會從鼻腔或口腔進入，占據健康人體的喉嚨，等感冒或免疫力下降時，就會入侵肺部，在那裡引起炎症。

肺炎會引起咳嗽和痰，吸氣時會發出聲音，呼吸時會很痛苦。高齡人士罹患肺炎後，不會出現什麼明顯的症狀，等到察覺時就已經是重症的情況，因此必須小心留意。在日本人的死因中，肺炎排名第 3[*1]，以年齡別來看的話，80 歲以上排名第 3，在 1 ～ 4 歲及 65 ～ 79 歲的群體中排名第 4。

肺炎依致病的微生物分爲三種，各是細菌引起的「細菌性肺炎」、病毒引起的「病毒性肺炎」，以及黴漿菌（mycoplasma）或披衣菌（chlamydia）等性質介於細菌和病毒中間的微生物引起的「非典型肺炎」。

*1　第 1 是惡性腫瘤（癌症）、第 2 是心臟疾病。

根據調查肺炎住院病患的病因的微生物論文結果（如下圖所示），肺炎球菌占了全體的四分之一，最多；同時也得知，肺炎球菌引起的肺炎成爲重症的情況最多。

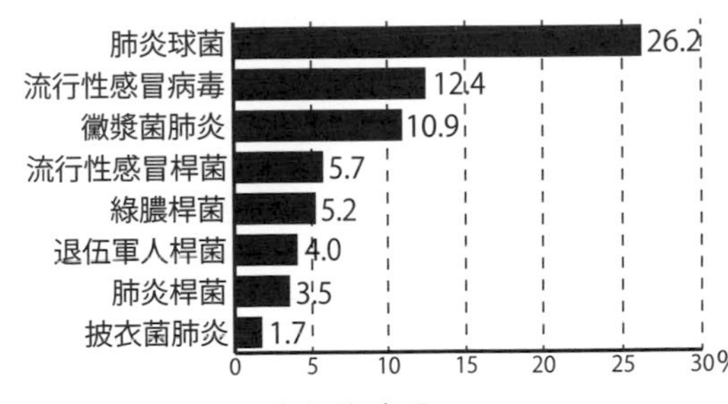

因肺炎住院的 652 名病患中，知道有 401 名（61.5%）中的病因爲微生物，其中 82 名（12.6%）爲多數病原體感染。圖表將病因微生物的出現頻率由高到低排序。

因肺炎住院病患的微生物病因

出處：高柳昇等人《市中肺炎住院病例的年齡層、重症程度原因微生物及預後》日呼吸學誌 Vol44，No.12，第 906-915 頁（2006）

◎ 肺炎球菌是什麼細菌呢？

細菌的分類一般就像下圖一樣，是依照細菌的型態與形狀分類成「球菌」、「桿菌」、「螺旋菌」等數種。

其中引發肺炎的球菌就叫做「肺炎球菌」；在過去也被稱爲「肺炎雙球菌」。

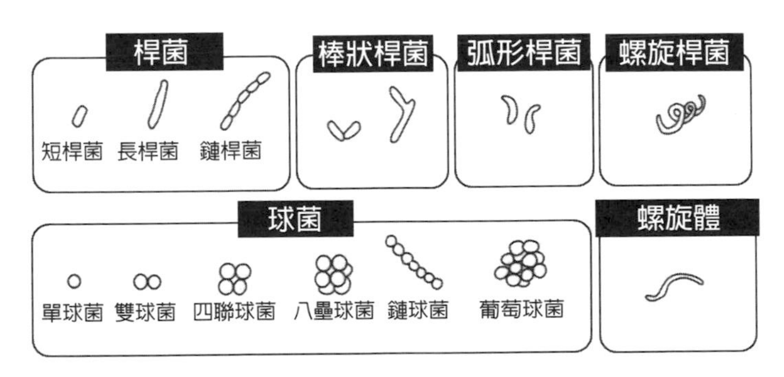

依細菌型態分類

出處：青木健次編著《微生物學》第 31 頁，化學同人（2007）

肺炎球菌除了肺炎，偶爾也會引發中耳炎，或腦膜炎、敗血症等嚴重的疾病。一般認爲，由於肺炎球菌容易附著在健康的人，特別是幼童的上呼吸道（從鼻子到喉嚨的空氣通道），因此感冒時，免疫作用一降低，就會引起肺炎，有時也會在幼稚園或家庭兄弟姊妹、親子間傳開。

另外，感染流行性感冒後引起的肺炎中，最主要的病因之一就是肺炎球菌。1980 年代後半，擁有盤尼西林抗藥性的肺炎球菌增加，多數抗生素無法產生效用的多藥劑抗藥菌更造成全球性的問題。

肺炎球菌引起的肺炎，偶爾會留下嚴重的後遺症，也有死亡的案例。

◎ 在肺炎球菌的實驗中，證明了基因本體是 DNA

肺炎球菌因爲在基因研究中完成重要職責而廣爲人知。

至今約 100 年前的 1923 年，英國的格里菲思（Griffith）成功培養出肺炎球菌，在菌落（肉眼可見的微生物群聚）的表面發現平滑的 S 型和粗糙的 R 型兩種類型。

兩者的不同之處，在於細胞表面有無「莢膜」（包圍細胞周圍的膠狀黏液物質的膜）。只有擁有莢膜的 S 型球菌才帶有病原性，如右圖所示，注射 S 型的白老鼠會因肺炎死亡，不過即使注射 R 型，因爲不會得肺炎，所以白老鼠會存活下來。

格里菲思接著對帶有病原性的 S 型細菌進行加熱處理（60 度），和沒有病原性的 R 型一起注射。接著，白老鼠因罹患肺炎而死亡，這是因爲在老鼠體內的 R 型細菌變成 S 型了。

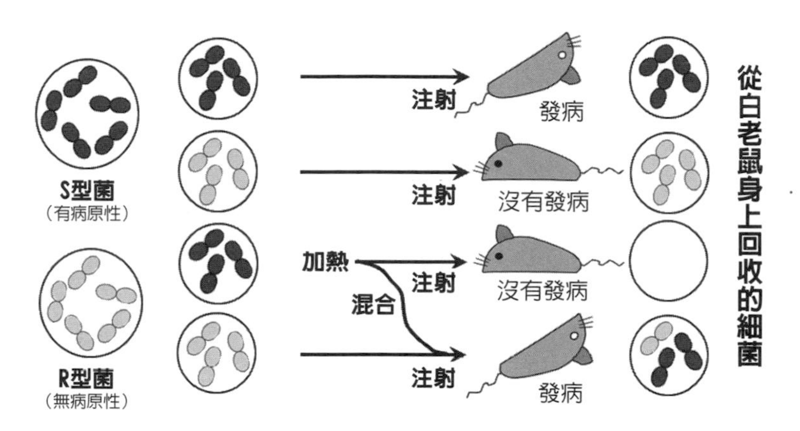

格里菲思的肺炎球菌實驗

不過，變成S型的肺炎球菌，即使重複細胞分裂，也會維持在S型。也就是說遺傳的形質（形質轉換）已經產生變化了。

這個研究，由美國的埃弗里（Avery）向前跨了更大一步。他花費10年的歲月持續研究引起形質轉換的物質到底是什麼。

埃弗里用剛開發出的遠心分離機，大量萃取出形質轉換的物質，並用各自分解DNA、RNA、蛋白質的酵素處理。結果得知，用DNA分解酵素處理後，形質轉換會失去活性，而用RNA分解酵素、蛋白質分解酵素處理後，並不會失去活性。

就像這樣，他在1944年證明基因的眞面目就是DNA。而這個研究的主角就是肺炎球菌。

58 孕婦感染就會生下畸形兒？《德國麻疹病毒》

雖然許多德國麻疹病患得以在症狀輕微的情況下治好，不過懷孕中的女性感染此病毒，就會生下重聽的胎兒。只要接種疫苗，就能大幅減輕這種可能。

◎ 什麼是德國麻疹？

德國麻疹是德國麻疹病毒引起的疾病。吸入病毒後，會經過2～3週的潛伏期才發病，主要症狀是紅疹、高燒、淋巴結腫大。即使感染德國麻疹病毒，也沒有出現明顯症狀而直接產生免疫（隱性感染）的人中，幼童約50％、成人約15％。

即使幼童感染德國麻疹，大部分的人症狀都很輕微。只不過，每2000～5000人中，約有1個人會出現腦炎或血小板減少紫斑症等併發症。

◎ 最嚴重的問題是「先天性德國麻疹症候群」

若懷孕中的女性染上了德國麻疹，胎兒就會一起被感染德國麻疹病毒，可能因此有重聽、白內障、心臟疾病等先天不良問題。這些身障問題叫做**先天性德國麻疹症候群（CRS）**，在**懷孕前12週引發的可能性極高**。1964年，美國有2萬名的嬰兒罹患CRS，成爲當時嚴重的社會問題。

美國占領沖繩後，經過半年左右之後就開始流行德國麻疹，隔年，也就是1965年，總共有408名CRS的嬰兒出生。這些孩子大部分是重聽，長大成爲中學生後，從1978年起的6年間，當地開設北城ろう學校[*1]。

◎ 可以接種疫苗預防

1962 年分離出德國麻疹病毒，1963 ～ 1965 年全球開始大流行，到了 1960 年代後期，疫苗的開發有所進展，成功製造出安全且高效的減毒性疫苗。

在日本，自 1995 年起，將 1 ～ 7 歲半和中學的男女生列爲定期接種的對象；2006 年，出生後 12 ～ 24 個月的嬰幼兒（第 1 期），5 歲以上、未滿 7 歲的學齡前 1 年的兒童（第 2 期），進行麻疹和德國麻疹的混合疫苗（MR 疫苗）的定期接種。一般認爲，施打過 1 次德國麻疹疫苗的人，約有 95%能夠免疫，施打過 2 次的人有 99%能夠免疫。

沒有預防接種德國麻疹的人，建議盡早施打疫苗。男性一染上德國麻疹，就會傳染給身邊的懷孕女性，如此一來嬰兒有得到 CRS 的風險。因此，男性也必須接種德國麻疹疫苗。

關於接種疫苗的細節和出生年月日等接種情況，可以在厚生勞動省網站「關於德國麻疹」找到資料，或在國立感染病研究網站「德國麻疹最新資訊」找到德國麻疹的最新動態 [*2]。

*1 以北城ろう學校爲舞台的《遙遠的甲子園》（户田良也著，1987 年）很有名。這部作品描述聾啞學校的棒球社學生爲了能出場比賽，而向縣高校棒球聯盟申請，到了 3 年級終於獲得認同，成功在縣預選賽時出場，是部描寫他們和苦難作戰的虛構小說。

*2 在此補充台灣相關資料：台灣地區德國麻疹現況（https://www.cdc.gov.tw/File/Get/zEihgT-9DFOmVLD1Ybnmeg）；1990 ～ 2008 年台灣麻疹流行病學分析（https://www.cdc.gov.tw/File/Get/Mp08D1ZbQGtKK5NiCbqX_Q），資料出自衛生福利部疾病管制署。

59 中世紀時，導致歐洲約三成人口死亡？《鼠疫桿菌》

鼠疫是帶有鼠疫桿菌的跳蚤寄生在老鼠身上而擴大感染。隨著人口移動使得感染爆發性擴大，鼠疫的大流行使得人口急速下降，也對社會帶來嚴重的影響。

◎ 什麼是鼠疫？

鼠疫在全球都很盛行，奪走的人命僅次於瘧疾。最大規模流行潮是在14世紀，推測當時歐洲有25～33%的人口因鼠疫而死亡。即使現在已經不會發生這種慘劇，鼠疫卻沒有完全消滅，2010～2015年全球有3248人罹患鼠疫發病，其中584人因此死亡。敗血症鼠疫或肺鼠疫特別嚴重，如果罹患肺鼠疫，不治療就會馬上死亡。

◎ 鼠疫是最古老的生物武器嗎？

引起鼠疫的鼠疫桿菌，是老鼠身上的跳蚤傳染的。跳蚤會吸受感染動物的血，同時吸入鼠疫桿菌，細菌會在跳蚤的腸內增加，當跳蚤叮咬下一個動物時，就會傳染鼠疫桿菌。這種跳蚤也會寄生在家鼠上，也喜好人類、吸人血，和人畜共通的鼠疫流行息息相關。

中世紀的鼠疫大流行，導火線是軍事行動。11～12世紀，十字軍搭船連同黑鼠和鼠疫桿菌一起帶到歐洲，使得鼠疫大流行。14世紀大流行的背後有蒙古軍的大移動，當時黑鼠也和軍隊一起移動到歐洲。

鼠疫桿菌可能是最古老的生物兵器，據說蒙古攻擊克里米亞時，會將鼠疫病患的屍體丟入敵人的城內。

鼠疫的大流行也對社會帶來重大的影響。由於農村的人口大幅減少，從集約式的穀物栽培轉爲較不費人力的羊放牧，農民的地位也往上提升。諾曼人在 11 世紀征服英國後，雖然進行法語的教育，不過鼠疫使得許多法國教師死亡，因此英國本地語言的英語教育變得盛行。

◎ 必須快速診斷

鼠疫桿菌進入體內後會沿著淋巴管移動，在淋巴結引起叫做淋巴腺腫（腺鼠疫）。鼠疫桿菌藉由血流流向全身，會成爲**敗血症鼠疫**，大多人在診斷前就會死亡。

鼠疫又稱「**黑死病**」，是因爲敗血症會引起無數的出血，使得皮膚上出現黑色的斑點。將鼠疫桿菌吸入肺部，或因腺鼠疫使細菌到達肺部，就會變成**肺鼠疫**。病患**如果不接受治療，將無法活過 2 天；而若不立即隔離肺鼠疫的病患，就會急速擴大傳染**。

只要迅速診斷鼠疫，就有可能治療，一般都會投與鏈黴素之類的抗菌藥。在大洋洲以外的所有大陸，都有發現過動物帶來的鼠疫。

60 甚至會影響人類的進化？《瘧原蟲》

直到現在，每年也有1億以上人口感染瘧原蟲，主要在非洲等地流行。原本對不利生存的基因，由於含有瘧疾抗性而變得有利，甚至影響到人類的進化。

◎ 什麼是瘧疾？

瘧疾是名爲**瘧原蟲**的原生動物引起的感染性疾病，**媒介是蚊子**。現在也是重大疾病，全世界有1億以上的人口感染，每年有超過100萬的人口因此死亡。

在太平洋戰爭中，由於日本軍隊沒有採取瘧疾的應對措施，在瓜達康納爾島（索羅門群島中最大的島）有1萬5000人，在英帕爾戰役（二次世界大戰，日軍向英屬印度發動的戰爭）中4萬人，在呂宋島有5萬以上的人口因瘧疾死亡[*1]。

感染人的瘧原蟲有四種，其中傳染範圍最廣的是**三日瘧原蟲（Plasmodium malariae）**，會引起最嚴重症狀的是**惡性瘧原蟲（Plasmodium falciparum）**。這種寄生蟲，一生中有部分時間待在人體，部分時間在蚊子中度過。

只有**瘧蚊屬的雌性會傳播瘧疾**，由於這種蚊子生存在氣溫炎熱的地區，因此瘧疾主要在熱帶或亞熱帶地區發生。低溫的地區也會發生瘧疾，過去曾有人認爲是髒空氣引起的，病名也是由義大利語「髒空氣」（mala aria）由來。

*1 明治時期以來報告制度完善後，得以瞭解瘧疾病患數，本州的福井、石川、富山、滋賀、愛知等地有多數病患，在福井縣大正時代每年有9000～2萬2000人的病例報告。

◎ 也影響人類的基因

一般認爲，從好幾千年以前就在流行瘧疾的非洲，血紅素[*2]有異常的人帶有瘧疾的抗性，而**鐮狀細胞貧血症**病患也是其中之一。由於鐮狀細胞貧血症會引起貧血或呼吸困難，使得自身的生存變得不利，不過由於紅血球很脆弱，只要瘧疾原蟲一侵入，就會被破壞，產生溶血，因此原蟲無法繁殖。

由於**病患就像這樣擁有瘧疾的抵抗力，雖然在一般情況下是對不利生存的基因，但在瘧疾流行地區反而能提高生存的機率**。

瘧疾會選擇對人類的生存而言十分重要的基因感染，對進化帶來重大的影響。

同樣的情況還有主要組織相容性複合體（MHC）的基因。一般在瘧疾常見的西非人身上都會有特定的MHC基因，不過其他地區的人身上都找不到。從這種MHC基因產生的蛋白質，會對瘧疾抗原產生強烈的免疫反應，因此對瘧疾原蟲感染的抗性很高。

雖然結核菌或鼠疫桿菌也對人類的進化產生影響，不過並沒有像瘧疾這樣清楚確認。

*2 血紅素（Hb）是紅血球中含有的紅色蛋白質，會搬運氧氣。罹患鐮狀細胞貧血症的人的Hb蛋白質會突然變異而產生異常，使得紅血球的形狀成爲鐮狀，搬運氧氣的能力下降。

◎ 瘧疾的預防方法

在世界衛生組織（WHO）的統計中，全球大約有上百個國家流行瘧疾，也由於日本到海外旅行的旅客人數逐年增加，在瘧疾流行地旅行的人數也在攀升。

瘧疾的預防措施有以下四種：

① 認識瘧疾發病的風險：每個國家和地區會流行四種瘧疾原蟲中的任何一種，抗藥性的情況也不盡相同。旅行的時候，記得調查瘧疾的流行情況以及疾病種類、抗藥性。

② 防蚊措施：瘧疾蚊是瘧疾的媒介，預防這種蚊子叮咬是瘧疾措施的基本行動：**穿著長袖、長褲，減少露出的肌膚，也要塗防蟲液**，搭蚊帳也對預防蚊蟲有用。

③ 服用預防性藥物：前去瘧疾流行地時，除了①和②的預防措施，也要服用預防藥物。如果前去惡性瘧原蟲的流行地區，或即使瘧疾發病也無法接受醫療行爲的地區，預防性服藥非常重要。不過**由於沒有能夠 100%預防的藥物**，預防性藥物也有副作用，需要格外注意。

④ 早期診斷和早期治療：惡性瘧原蟲會在短時間重症、死亡，瘧疾**最重要的是早期診斷和早期治療**。

61 空調有時也是致死的原因？《退伍軍人桿菌》

在溫泉設施或24小時營業的澡堂，時常發現退伍軍人桿菌，這種細菌會引起嚴重的肺炎。為了預防汙染，水溫管理等防止退伍軍人桿菌繁殖的措施就十分重要。

◎ 和我們一起生活的「環境常駐菌」

在我們生活周遭的許多地方都有各種不同的微生物悄悄生存著，這些微生物就叫做「環境常駐菌」。人類爲了提高生活的便利性，會在生活空間營造人工的環境，用水的設備也是其中之一。這種設施偶爾會成爲適合環境常駐菌生存的環境。有時細菌在那裡大量繁殖後，就會對人體健康造成嚴重危害。退伍軍人桿菌所引起的疾病也是如此。

◎ 在美國因集體感染事件為發現契機

發現退伍軍人桿菌的時間，距今並沒有很久。1976年7月，美國費城的飯店舉辦退伍軍人會的年度總會，共超過4000人參加。這些參加者中，陸續有人出現高燒、惡寒、極度衰弱、嚴重肺炎等症狀，飯店附近的行人也出現病徵，總共有221人罹患疾病，34人死亡。

美國疾病管制與預防中心（CDC）調查原因後，排除了以往知道的細菌、病毒、化學物質。

之後的研究發現，從過世病患的肺部組織中，發現了造成發病的未知細菌。此細菌以退伍軍人會熟悉的legion命名，而由這個新發現的細菌種類所引起的疾病就此被稱之爲退伍軍人症（退伍軍人肺炎）。

關於感染途徑，主要是空調冷卻塔中的水被退伍軍人桿菌汙染，推測是這種氣膠（aerosol）[*1] 流入飯店裡，待在大廳等處的人因此吸入細菌。在日本也出現過下述的集體感染事件。

在日本發生的退伍軍人症

・宮崎縣日向市新設溫泉設施的集體感染

日向市的 Sunpark 溫泉，從 1992 年 6 月 20 日到 7 月 23 日間，共 1 萬 9773 名入浴者中，有 295 人罹患退伍軍人症，其中 7 人死亡。在浴池中沒有檢驗出游離氯，表示沒有做好衛生管理，雖然是剛開幕沒多久的設施，卻從浴池的水中、過濾裝置的過濾器及管線等各場所都檢驗出高濃度的退伍軍人桿菌。

・慶應大學醫院新生兒室的集體感染

在 1996 年 1 月 11 日到 2 月 12 日間，共有收容在新生兒室的 3 名嬰兒罹患退伍軍人肺炎，其中 1 人死亡。從新生兒室的儲水槽、經由溫水槽的水（溫水水龍頭、蓮蓬頭、加濕器、牛奶加濕器）等處都檢驗出退伍軍人桿菌。

出處：岡田美香，感染症學雜誌，Vol.79, No6. 第 365-374 頁 (2005)：齋藤厚，日本內科學會雜誌，Vol.86, No.11, 第 29-35 頁 (1997)

◎ 在自然界中數量不多，分裂也很慢

退伍軍人桿菌原本是廣泛分布在土壤、河川、湖泊等自然環境中的環境常駐菌，一般情況下這種細菌並不多，和大腸菌相比分裂速度非常慢（培養時退伍軍人桿菌每 4 ～ 6 小時分裂一次，大腸菌每 15 ～ 20 分鐘分裂一次）。

不過，在空調用的冷卻塔或循環式浴槽等處，溫暖的水會在裝置內不斷循環使用，因此各式各樣的細菌或原生生物容易形成菌膜（微生物在器具表面形成的黏質狀或寒天狀的膜狀構

*1 氣膠是飄散於空氣中微小的液體或固體的粒子。
*2 以這次的發現爲契機，調查以前因原因不明的高燒而保存的病患血清後，發現在 1965 年已經出現過退伍軍人症的集體感染。

造物），而恰好成爲退伍軍人桿菌繁殖所必要的阿米巴原蟲或微藻類等共生微生物的繁殖環境。在這種情況下，就能形成分裂緩慢的退伍軍人桿菌容易繁殖的時間和環境。

世界上退伍軍人症的發病頻率，在空調用冷卻塔及浴槽等供水設備中最常出現，也由於是土壤菌，從土塵或園藝用培養土中也都有感染的報告。

◎ 肺炎引起重症

罹患退伍軍人疾病後發作的疾病中，有退伍軍人肺炎和龐提亞克熱（pontiac fever）。

▼退伍軍人肺炎

惡寒、高燒、全身倦怠感、肌肉疼痛之後，經過幾天開始出現乾咳、咳痰、胸悶、呼吸困難等症狀，症狀惡化後，嚴重的情況會因呼吸衰竭導致死亡。

▼龐提亞克熱

主症狀是發高燒、惡寒、肌肉疼痛、頭痛、輕度咳嗽，不過肺炎的情況並不多。大多在5天內不用治療就能恢復，也沒有死亡的案例。如果不是集體病症發生，會很難發覺是龐提亞克熱。

由於退伍軍人桿菌肺炎初期和其他肺炎的症狀大不相同，因此必須藉由臨床檢查確診。退伍軍人桿菌肺炎重症惡化得很快，若慢一步治療就會致命，因此懷疑染上這種疾病時，就要開始投與抗生素。除了抗生素以外，還有氧氣療法、呼吸輔助療法，按照情況，也會進行類固醇激素的短期大量療法。目前已知，發病後5天內開始治療的話，幾乎就能夠撿回一命。

◎ 防止退伍軍人桿菌汙染的措施

在溫泉設施或家庭全天候放置熱水的浴缸內很容易檢驗出退伍軍人桿菌，醫院的新生兒室或三溫暖的熱水被汙染的話，也會發現退伍軍人桿菌。自來水水龍頭的殘餘氯濃度超過 0.1ppm（mg/L）就不會有問題，不過加熱儲水、氯蒸發之後，細菌就會開始繁殖。

熱水器的系統，大多爲了節省能源或不被燙傷，都會將鍋爐的設定溫度調低，但這麼做可能讓細菌繁殖。美國疾病管制與預防中心的院內感染防止指南上，規定飲用水末端水龍頭溫度要在 50 度以上、未滿 20 度，溫水的殘餘氯濃度維持在 1～2ppm。

爲了防止退伍軍人桿菌的汙染，如容易滋生細菌的管線的外膜，就必須選擇細菌不易繁殖的材質，另外還有不讓水局部停滯的結構、灰塵難以進入的換氣設備，以及要將溫度保持在退伍軍人桿菌容易繁殖的 20～50 度的範圍以外。必須經常清洗設備，不讓菌膜有形成的時間 *2。

*2　菌膜一旦形成，消毒劑就變得難以消除退伍軍人桿菌會寄生的阿米巴原蟲

62 藉由藥物治療，能增加存活時間？《人類免疫缺乏病毒》

HIV 感染症是世界三大感染症之一。每年約有 100 萬人因愛滋病死亡，不過只要定期服藥，即使愛滋病發作，也能避免因此死亡。

◎ 引起愛滋病的病毒是什麼？

1981 年，在美國發現免疫作用異常低落而引起伺機性感染症（擁有一般免疫反應的人類身上幾乎不會看見的傳染病）的奇特疾病，其中最常見的，就是真菌類卡氏肺囊蟲（Pneumocystis jiroveci）[*1] 引起的肺炎。陸續有報告提到相同的疾病，美國疾病管制與預防中心命名為**後天性免疫缺乏症候群（AIDS）**。

許多愛滋病病患是男同性戀或藥物靜脈注射的使用者，也有許多使用血液製劑的血友病患者。從血液和體液是感染愛滋病因果關係中，逐漸瞭解感染途徑，終於在 1983 年，法國的蒙塔尼耶團隊發現愛滋病病因的病毒——**人類免疫缺乏病毒（HIV）**。

◎ 每年有 100 萬人死亡

到 2016 年為止，全世界的 HIV 感染者推測有 3670 萬人，每年約有 180 萬的新感染者，以及 100 萬人因愛滋病死亡。因此 HIV 感染和肺結核、瘧疾並列為世界三大感染症。

*1 是卡洛斯・查加斯醫師（Carlos Chargas）在 1909 年研究南美錐蟲時發現的，並命名為 Pneumocystis carinii（卡氏肺囊蟲），因其在肺部的特徵皆像寄生蟲而剛開始被分類為原蟲，但在 1988 年根據核酸及生化測試發現卡氏肺囊蟲更接近真菌類，因而改名為 Pneumocystis jiroveci。肺囊蟲在健康的人的肺部並不常見，但在免疫缺陷者的肺部造成機會性感染，因此在接受化療的癌症患者、愛滋病患者，以及使用免疫抑制藥物的病人中尤其常見。（資料來源：維基百科）

另一方面，全球新感染HIV的人數開始逐漸下降，2016年的死亡人數比2010年減少50萬人。由於治療藥物和治療方法的進步，感染HIV人口的預後[*2]飛躍性的提升。發展中國家也積極推廣給予治療藥的結果，比較2010年和2016年的數據後，感染者中有在接受治療的人，從23%增加到53%，兒童（未滿15歲）的新感染者也從30萬人減少到16萬人。

在日本，每年約有1500人左右的感染者成爲愛滋病病患，到2016年，已經累積超過2萬7000人。很遺憾地，日本的新感染者並沒有減少的趨勢。

◎ 感染HIV的病程

感染HIV後，會有急性感染期→臨床潛伏期→發病期的病程。

▼急性感染期

感染HIV後，淋巴組織會快速增加，感染後1～2週，每1毫升的血液中會有100萬病毒（病毒血症）。約半數病患會出現高燒、紅疹、淋巴結腫大等症狀。只要能在這個時期診斷出愛滋病，之後的治療和病情就會壓倒性的有利。

▼臨床潛伏期

對於HIV的特異免疫反應，使得病毒量減少，繁殖的病毒及抑制病毒的免疫系統互相抗拮，使得數值安定下來。這種狀態會持續數年間到10年左右，這段期間內，幾乎不會出現症狀。

*2 疾病預後是指疾病發生後，對疾病未來發展的病程和結局（痊愈、複發、惡化、致殘、併發症和死亡等）的預測。（資料來源：維基百科）

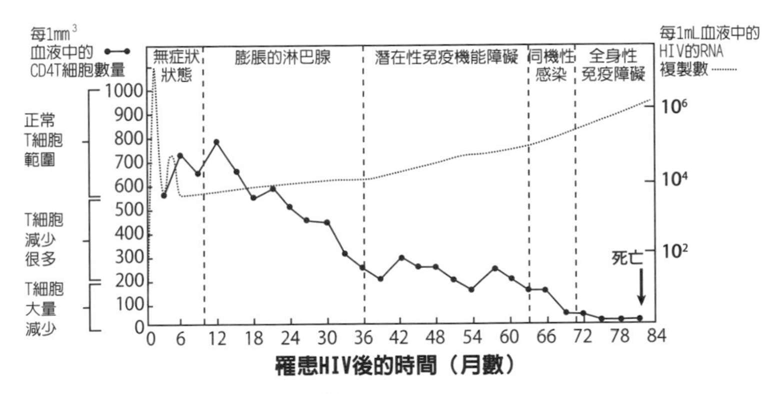

CD4淋巴球的減少和HIV感染的進行

出處：Brock《微生物學》Ohmsha社（2007年）第961頁圖，部分變更

▼發病期

HIV的標的，是蛋白質表面叫做CD4的淋巴球（CD4淋巴球）。感染HIV症狀惡化後，CD4淋巴球就會快速減少，每1mm3低於200個，就容易引發卡氏肺囊蟲之類的伺機性感染，低於50個就會引起巨細胞病毒感染症或非結核分枝桿菌症狀。這些症狀在正常的免疫狀態下幾乎不會出現，因此這種狀態就叫做後天免疫缺乏症候群（AIDS）。

◎ 目標是100%服用愛滋治療內服藥

現在只要定期服用抗HIV藥物，病毒量也能壓制到測量感度以下，愛滋病就幾乎不會發作。不過，一旦治療中斷，無論抑制病毒繁殖的期間有多久，病毒偶爾還是會活性化，使得CD4淋巴球減少，讓愛滋病發作。

100%服用抗HIV藥物最重要。如果只服用80～90%的抗HIV藥物，血液中藥物濃度就會變低，引起病毒繁殖，出現抗藥病毒的風險也會提升。

藥物治療，一般都會採用三種以上抗HIV藥物組合的「多藥劑併用療法」，降低抗藥性病毒出現的可能。要說爲什麼，是因爲病毒必須擁有三種以上藥劑的抗性。這樣治療之後，HIV感染症會逐漸變成慢性病[*3]。因此，同時引起的脂質異常、骨頭代謝異常、糖代謝異常、腎機能障礙、惡性腫瘤的控制就會成爲課題。

現在並沒有對HIV有效的疫苗，要防止HIV感染的擴散，除了避免安全性低的性行爲或麻藥的靜脈注射（共用針頭）外別無他法。傳播愛滋病的相關知識，擬定對策以防止個人感染的危險，才是預防愛滋病的有效方法。

*3 慢性疾病指身體會緩慢出現變化，經過長時間而引起的疾病。和急性病是相對的用語。

63 防止垂直感染使得帶原者快速減少？《B 型肝炎病毒》

B 型肝炎病毒的感染，原因在於慢性肝病或肝癌。會成為帶原者，原因幾乎來自嬰幼兒時期的感染，防止剛出生的嬰兒受到感染，將有非常高的成效。

◎ 什麼是肝炎病毒？

肝炎病毒主要是在肝臟繁殖、引起肝炎的病毒總稱，有透過飲食經口感染的流行性肺炎病毒，以及藉由血液或體液感染的血清肝炎病毒。B 型肝炎病毒（HBV）屬於後者，這是急性肝炎、慢性肝炎疾病（慢性肝炎、肝硬化）、肝癌的原因。推測全世界約有 4 億人，日本約有 100 萬的帶原者，其中約一成轉變爲慢性肝病。日本的慢性肝病病患中，10 ～ 15％是因 HBV 引起，會歷經以下的病程。

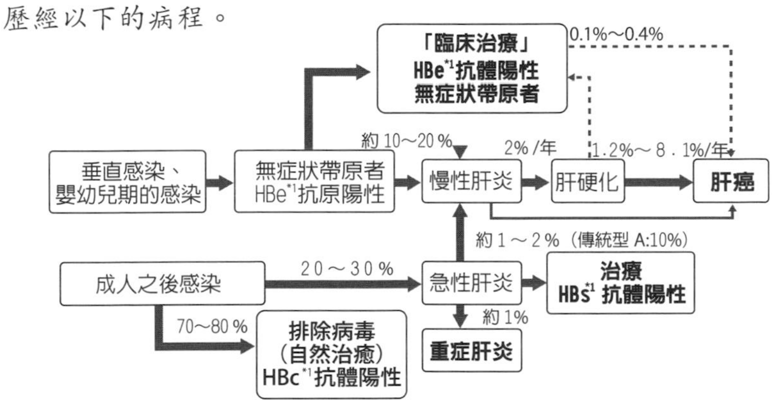

B型肝炎的自然病程　出處：日本肝臟學會《慢性肝炎的治療指南2008》部分變更

*1　HBs抗原、HBc抗原、HBe抗原是B型肝炎病毒含有的蛋白質。一旦對這些物質產生免疫反應，就會形成HBs抗體、HBc抗體及HBe抗體。調查這類抗原或抗體，即可得知感染或疾病（肝炎）的狀況。

◎ 兩種感染途徑

HBV 的感染中，有會持續感染的帶原者，以及血中的病毒會被消滅的暫時性感染。帶原者的感染途徑中，大部分是從帶原者的母親的胎盤或分娩時感染的「垂直感染（母子感染）」，也有嬰幼兒期在家族内「水平感染」（父子感染等）的情況。成人時就只會遇到水平感染。

日本在 1948 ～ 1988 年間，由於集體預防接種注射或結核菌素皮内測試時重複使用針頭，推測因此導致最多有 40 萬人因此成爲 HBV 帶原者。

◎ 避免成為帶原者，將來就不會染上肝癌

大多 HBV 帶原者是來自嬰幼兒期的感染，因此**只要預防母親對嬰兒的垂直感染，就能降低帶原機率，能防止將來罹患慢性肝病或肝癌**。在日本，若孕婦是帶原者，約有 25％的機率讓新生兒成爲帶原者，其中 HBe 抗原陽性的情況，有 85 ～ 90％會成爲帶原者，HBe 抗體陽性的情況幾乎不會成爲帶原者[*2]。因此，要減少新 HBV 帶原者，防止 HBe 抗原陽性的孕婦對新生兒的感染成效最佳。

方法就是，直接對出生後的新生兒投藥 B 型肝炎免疫球蛋白（HBIG），提升血液中 HBs 抗體，之後重複投藥 HB 疫苗，維持血液中的 HBs 抗體陽性。這樣防止垂直感染措施的結果，能讓從 HBe 抗原陽性孕婦中新生兒帶原者比例，從 85 ～ 90％下降到 5％。

*2 抗原會和病毒等異物引起免疫，抗體是會認知到抗原而引起免疫反應的分子。只要調查來自 HBV 的抗原和對抗這種抗原的抗體，就能知道疾病的進展。

64 全球約有一半的人口感染？《幽門螺旋桿菌》

幽門螺旋桿菌是在1980年代被發現的新細菌，這些細菌住在以往認為是無菌的人類胃裡，有人指出，這種細菌是導致各類疾病發生的原因。

◎ 什麼是幽門螺旋桿菌？

幽門螺旋桿菌的學名是Helicobacter pylori，是曲狀桿菌（第160頁）的同伴，也是生存在於人類胃中的螺旋狀細菌（革蘭氏陰性菌，微需氧菌）。

1983年，澳洲的魯賓．華倫和巴利．馬歇爾發現這種細菌，2人因此得到諾貝爾生理學或醫學獎。

雖然在1800年左右，就有報告指出人的胃裡面有細菌存在，不過由於沒有培養出這些細菌，同時胃比胃液中的鹽酸還保有強烈的酸性，因此當時普遍認爲這份報告有誤。

1954年，美國的病理學家艾迪．帕爾瑪調查1100例的檢體（用內視鏡採取胃部組織），結果報告胃裡面沒有細菌，之後有很長一段時間，世人都認爲胃裡面沒有細菌。

不過，華倫和馬歇爾在1983年，成功培養出只能在和胃有同樣侷限的條件下生存的螺旋菌。當初記載爲曲狀桿菌的同伴，之後新設立新的屬，正式有了幽門螺旋桿菌這個名字。

◎ 高感染率和病原性

幽門螺旋桿菌會將胃部黏液中的尿酸分解成氨和二氧化碳，產生的氨會和胃中和，感染胃的表面。這樣的感染，使得三成左右的感染者會引發慢性胃炎、胃潰瘍、十二指腸潰瘍、胃癌等各式各樣的疾病。70～90％的胃潰瘍病患中，會發現幽門螺旋桿菌的感染，而在國際癌症研究機構（IARC）發表的致癌性風險清單中，則被列爲Group Ⅰ（有致癌性）。

一般認爲，全世界有一半以上的人口感染幽門螺旋桿菌，而在日本，相對於40歲以上人口高達70％的感染率，而20多歲的感染率則爲25％，兩者差異很大。目前也不曉得感染路徑，這種細菌仍被謎團所包圍。

◎ 檢查和除菌

最近除了內視鏡的檢查以外，還有尿素呼氣測試法、血清及尿液抗體檢測法、糞便抗原檢查等檢查。除了精密檢查或健康檢查時的自費檢查，如果出現胃炎之類的症狀，就能用健保接受檢查，有時也能進行除菌。

65 同樣的病毒會引發不同疾病？《帶狀皰疹病毒》

雖然水痘和帶狀皰疹是不同的疾病，卻是由相同的病毒引起。幼兒時期感染水痘時，當時的病毒會潛伏在體內，過很久一段時間後就會引起帶狀皰疹。

◎ 水痘和帶狀皰疹是相同病毒引起

會引起水痘和帶狀皰疹，就是水痘帶狀皰疹病毒。一般都會在幼兒時期感染水痘、發病，約1週左右會治好，不過病毒就會一直潛伏在體內。之後，因爲各式各樣的原因使得免疫作用降低時，就會再度活動、繁殖，帶狀皰疹因此發作。

◎ 水痘有很強的傳染力

感染水痘病毒後，病毒會在體內繁殖，這些病毒到達皮膚後，就會引起水痘，而這些水痘馬上就能治好，幾乎不會留下疤痕。日本每年約有100萬人發病，其中約4000人會因重症或併發症而住院。推測每年約有20個人因水痘而死亡。

水痘的特徵是有極高的感染性。由於冬天大多會在教室之類的密閉狹窄場所，接觸感染水痘的同學或汙染媒介物的機會變多，水痘因此容易傳染。

幾乎所有情況下，水痘的症狀都不會惡化，不過因急性白血病或腎病症候群等，用抑制免疫作用的藥物治療的兒童，罹患水痘就容易惡化，有時也會因此死亡。

◎ 帶狀皰疹有強烈的痛楚

水痘治好後，潛伏在神經細胞內的病毒，會因爲老化、過勞、壓力等關鍵因素使得免疫作用下降而再度開始活動。病毒會在神經內傳導移動到皮膚，會出現疼痛的紅疹，這就是帶狀皰疹，一般要過２～３週才會治好[*1]。

紅疹會沿著神經成爲帶狀疹，之後會形成中央有凹陷的水痘。特徵是強烈的疼痛感，只要皮膚症狀消失，一般而言疼痛也會跟著消失，不過有時麻麻的疼痛感也會繼續下去。這是因爲急性期的炎症傷害到神經，這種後遺症叫做帶狀皰疹神經痛，非常麻煩。

◎ 接種疫苗有用

疫苗可以有效預防水痘。不只有健康的兒童能注射水痘疫苗，也有開發出罹患急性白血病之類高風險的兒童也能安全又有效注射的疫苗。

帶狀皰疹主要用抗病毒藥治療，這種藥會緩和急性期的皮膚症狀和痛苦，能夠縮短恢復的期間。對於疾病的痛苦，有消炎鎮痛劑的處方，有時也會進行神經阻斷。只要在幼兒時期接種水痘疫苗，將來就有可能預防帶狀皰疹的發作。

*1 帶狀皰疹和水痘不同，不會感染人類。不過如果是沒得過水痘的人，有時會以水痘的形式感染。

66 人類和動物會共通感染？《包蟲、狂犬病毒》

這種來自動物的傳染病，是動物和人類都會感染的疾病，也叫做人畜共通疾病。本書會介紹由微生物造成的這種傳染病。

◎ 什麼是來自動物的傳染病？

來自動物的傳染病，是動物身上的病原體，因咬傷、抓傷、跳蚤、蚊子等媒介，或因水、土之類的媒介而感染人類。

感染源的動物以寵物、家畜居多，其中也包含野生動物。另外病原體有病毒、立克次體、披衣菌、細菌、眞菌、寄生蟲、傳染性蛋白質等。過去引發狂牛病的變異型傳染性蛋白質（會自行複製的蛋白質）感染人類，引起變異型庫賈氏症，使得牛肉暫時停止進口，應該有許多人還記得這件事吧？

在本書所介紹的微生物中，有許多都是來自於動物的傳染病，例如引起食物中毒的E型肝炎（病毒）、沙門氏菌、曲狀桿菌（細菌）以及隱孢子蟲病（原蟲）都屬於這種傳染病。在這一節中，這裡將介紹來自動物的傳染病中，引起的症狀最爲嚴重的包蟲、狂犬病。

◎ 來自北海道赤狐的包蟲

包蟲是將犬科動物當作最終宿主的寄生蟲，是條蟲的同伴。包蟲的蟲卵會混在泥土裡，經由中間宿主——老鼠——的口腔進入老鼠體內後，形成幼蟲時的多包條蟲。而身上帶有這類多包條蟲的動物被犬科類動物吃掉後，就會在犬科動物的體內形成成蟲。

不過，包蟲的卵一被人類吃下後，就會在體內（肝臟）增加多包條蟲，必須藉由外科手術才能去除。因此，會呼籲大眾不要觸碰北海道的野生北海道赤狐、在野外不要喝生水（河裡的水）、接觸土壤或動物後要洗手等。

由於青函隧道完成使得物流量增加，包蟲症有移入本州的危險，因此在青森縣等地都一直有在進行監視，不過最近卻在料想不到的地方發生狗的包蟲症。那就是愛知縣的知多半島。2014 年有 1 例，2018 年出現 3 例的犬包蟲症，也有人指出，這種疾病或許已經在知多半島一帶固定下來了。今後必須格外注意，別讓其他地區傳出類似的報告。

◎ 日本是少數的狂犬病無病國

狂犬病是人畜共通的傳染病，被擁有狂犬病毒的動物（狗、貓及野生的哺乳類動物）咬到或抓傷後就可能會被感染，這種傳染病如果發作，死亡率幾乎是 100%，相當可怕。

雖然幾乎全球都有出現狂犬病案例，不過日本是少數沒有狂犬病的「無病國」。由於能透過接種疫苗預防感染，因此會呼籲民眾去到海外之前接受預防接種，另外，在日本對寵物犬施打狂犬病的預防注射也是必須遵守的義務。

*1 狂犬病無病國有英國（大不列顛暨北愛爾蘭）、愛爾蘭島、冰島、挪威、瑞典、澳洲、紐西蘭等地。

雖然過去曾流行過狂犬病，不過由於徹底實施預防解種，以及驅除野狗，因此 1956 年後，日本國內就再也沒有狂犬病的報告。這在國際上是非常幸運的情況，全球沒有發生狂犬病的「無病國」[*1] 很少。在印度、中國等地有許多感染者，另外在北美也陸續從動物身上檢驗出狂犬病。

◎ 對移入及感染的警戒

由於日本是狂犬病無病國，因此日本對野生動物、野狗、野貓等動物的警戒心偏向薄弱。必須注意，到狂犬病流行的地區國外旅行時要做好預防接種，不要隨意接近野生動物。

隨著大自然不斷被破壞，以往沒有和人類接觸過的動物帶來的新興感染症（伊波拉出血熱、SARS、MARS），因地球暖化使得危險的熱帶傳染疾病（登革熱、瘧疾等）移入，以及隨著因寵物熱潮而進口的野生動物帶來的新型傳染病有時也會造成危機。希望讀者在接觸動物時，也能注意到危險性。

編著者簡歷

左卷健男

現任：
日本東京都法政大學教職課程中心教授。

經歷：
1949年出生於　木縣小山市，專業是理科及科學教育、環境教育。
千葉大學教育學部畢業(物理化學教室)，東京學藝大學研究所教育學研究科修畢(物理化學講座)。
擔任過東京大學教育學部副屬高等學校（現東京大學教育學部副屬中等教育學校）教諭。
京都工藝纖維大學教授。
同志社女子大學教授後從事現職。

著作：
《理科的探險（RikaTan）》雜誌主編。
《東京書籍》理科教育書籍編輯委員、執筆者。
《生活中的僞科學》（平凡社新書）
《有趣到趕跑睡意的物理》
《有趣到趕跑睡意的化學》
《有趣到趕跑睡意的地質學》
《有趣到趕跑睡意的理科》
《有趣到趕跑睡意的元素》
《有趣到趕跑睡意的人類進化》
（以上爲PHP研究所出版）
《想要談論的實用物理》
《用3小時瞭解，圖解日常生活中的「科學」》
（以上爲明日香出版社出版）等書。

執筆者

編號代表執筆者負責的單元
※職稱是執筆原稿時的狀況
※第[29]節是共同著作

あおの ひろゆき
青野 裕幸

04 20 23 24 25 26 27 29※ 30 31 33

「揮灑非常開心企劃」代表

こだま かずや
兒玉 一八

10 28 29※ 34 35 39 41 54 55 56 57 58 59 60 61 62 63 65

核能與能源問題情報中心理事

さいとう ひろゆき
齊藤 宏之

36

勞動安全衛生綜合研究所　上席研究員

さまき たけお
左巻 健男

01 02 03 05 06 07 08 09 11 12 13 15 16 17 18 19 37 40

法政大學教職課程中心教授

ますもと てるき
桝本 輝樹

14 38 42 43 44 45 46 47 48 49 50 51 52 53 64 66

千葉縣立保健醫療大學　講師

よこうち ただし
横内 正

21 22 32

長野縣松本市立清水中學校　教諭

封面設計、插畫　末吉喜美

第 022、031、036、099 頁插畫　兒玉一八

國家圖書館出版品預行編目(CIP)資料

圖解把食物變超好吃和讓你生病、中毒的細菌、黴菌和病毒
左卷健男 編著 — 初版.
台北市 : 十力文化, 2024.06
ISBN 978-626-97556-9-1 (平裝)
1.微生物學
369 113008167

圖解把食物變超好吃和讓你生病、中毒的細菌、黴菌和病毒
図解身近にあふれる「微生物」が3時間でわかる本

編　著　左卷 健男

總 編 輯　劉叔宙
翻　譯　黃品玟
封面設計　劉詠倫
美術編輯　林子雁

出 版 者　十力文化出版有限公司
公司地址　116 台北市文山區萬隆街 45-2 號
通訊地址　11699 台北郵政 93-357 信箱
電　話　02-2935-2758
電子郵件　omnibooks.co@gmail.com
統一編號　28164046
劃撥帳號　50073947

I S B N　978-626-97556-9-1
出版日期　2024 年 06 月
版　次　第一版第一刷
書　號　D2403
定　價　380 元

十力
文化

十力
文化

十力
文化

十力
文化